Wanderungen in die Erdgeschichte

36

Der Bayerische Alpenrand zwischen Füssen und Berchtesgaden

Rolf K. F. Meyer

(Mit einem Beitrag von Bernd Lammerer)

191 Abbildungen
8 geologische Karten
6 topografische Karten

Verlag Dr. Friedrich Pfeil · München 2018

Inhalt

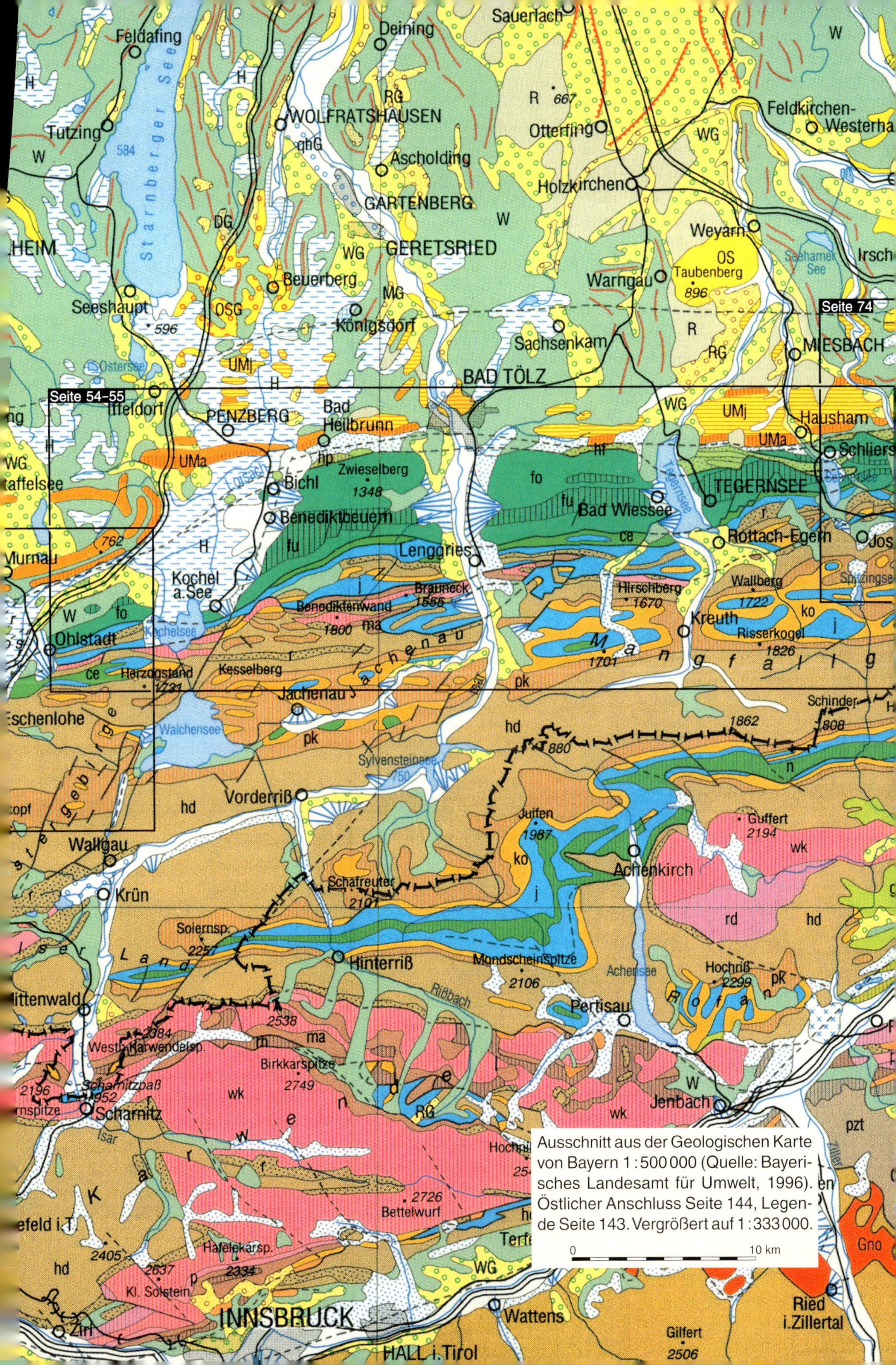

Ausschnitt aus der Geologischen Karte von Bayern 1 : 500 000 (Quelle: Bayerisches Landesamt für Umwelt, 1996). Östlicher Anschluss Seite 144, Legende Seite 143. Vergrößert auf 1 : 333 000.

Bibliografische Information der Deutschen Nationalbibliothek

Die Deutsche Nationalbibliothek verzeichnet diese Publikation in der Deutschen Nationalbibliografie; detaillierte bibliografische Daten sind im Internet über http://dnb.dnb.de abrufbar.

Titelbild

Blick über Schloss Hohenschwangau und den Alpsee zu den steilen Tannheimer Bergen, die hauptsächlich aus Wettersteinkalk und Hauptdolomit bestehen. Foto: R. Liebreich.

Rückseite

Die fast 2000 Meter hohe Watzmann-Ostwand über dem Königssee besteht hauptsächlich aus gebanktem Dachsteinkalk (die Bänke fallen nach Norden ein). Nur im tieferen Teil um die Eiskapelle folgt der splitterig verwitternde, ungegliederte Rausaudolomit. Von der Eiskapelle zieht der Eisgraben zum Königssee herunter und bildet im Vordergrund einen Schwemmfächer in den See, auf dem Sankt Bartholomä liegt. Foto: Copyright © Nationalpark Berchtesgaden.

Druckvorstufe: Verlag Dr. Friedrich Pfeil, München
Druck: PBtisk a.s., Příbram I – Balonka

Printed in the European Union

ISBN 978-3-89937-226-7

Verlag Dr. Friedrich Pfeil, Wolfratshauser Straße 27, 81379 München
Tel.: +49 89 5528600-0 – Fax: +49 89 5528600-4 – E-Mail: info@pfeil-verlag.de – www.pfeil-verlag.de

Vorwort

Als Flachlandgeologe schon seit 50 Jahren vor allem im Fränkischen Jura tätig, träumte ich immer von den Alpen. Auf vielen Bergtouren habe ich zwar die Alpen erkundet und immer die entsprechende Literatur studiert, doch an eine eigene Darstellung der komplizierten Alpengeologie habe ich mich bisher nicht gewagt. Nun, im etwas abgeklärteren Alter will ich es doch probieren. Nachdem wir in zahlreichen Bänden der »Wanderungen in die Erdgeschichte« weite Gebiete Bayerns erkundet haben, darunter auch in 2 Bänden (8 und 9) die »Spuren der Eiszeit südlich von München« bis zum Gebirge, möchte ich zunächst mit dem wunderbaren Gebiet des Alpenrandes beginnen und meine Beobachtungen entlang des Bodensee-Königsee-Radweges darlegen. Interessant ist dabei die verschiedene Gestaltung des Alpenrandes, seiner Berge und Täler in Abhängigkeit vom geologischen Aufbau. Dieser ist am Alpenrand besonders kompliziert und kann nur im Zusammenhang mit der gesamten Alpengeologie verstanden werden.

Der bayerische Alpenrand ist zwar nur ein kleiner Abschnitt des fast 1200 Kilometer langen Alpenbogens, aber gerade hier am ehemaligen Südrand Europas wurden die Ablagerungen des über 1000 Kilometer breiten Ausläufers des Tethysmeers besonders eng zusammengepresst und übereinandergeschoben. Sie liegen heute wie versteinerte Wellen am Strande Europas. So können wir an unserem Alpenrand und in den anschließenden Kalkalpen auf wenigen Kilometern ehemals weit auseinanderliegende Ablagerungsgebiete zwischen Europa und Afrika erkunden. Die wissenschaftliche Alpengeologie ist für den Laien meist nur schwer verständlich. Ich beschränke mich daher auf eine kurze Einführung. Wer sich näher einarbeiten will, sei einerseits auf die mehr wissenschaftliche Darstellung von K. Schwerd, K. Doben und H. Risch (1996) in den Erläuterungen zur Geologischen Karte von Bayern 1:500000 verwiesen; für die Allgäuer Alpen hat H. Scholz (2015) ein sehr anschauliches Buch mit vielen Bildern verfasst, das auch für den Laien verständlich ist. Die gesamten Ostalpen behandeln die alten Arbeiten von Gwinner (1971), Bögel & Schmidt (1976) und Tollmann (1973–1976). Interessant ist dann der Vergleich mit den neuen Darstellungen z.B. von Pfiffner (2009) und Lammerer et al. (2011), die auch die Tiefenstrukturen der Alpen anhand neuer

Abb. 1. Blick vom Hirschberg an der B 2 über das von Moränen bedeckte Alpenvorland bei Weilheim zu den dunklen bewaldeten Flyschbergen (rechts das Hörnle), links das Loisachtal, dahinter die verschneiten Kalkalpen (rechts Zugspitze, links Dreitorspitze).

Abb. 2. Panoramablick vom Peißenberg über das Hügelland der Faltenmolasse (Subalpine Molasse; rechts vorne der Kirnberg) zu den dunklen Flyschbergen (in der Mitte das Hörnle); dahinter die verschneiten Kalkalpen (links der Heimgarten, dann das Karwendelgebirge, in der Mitte links das Estergebirge über dem Loisachtal, rechts das Wettersteingebirge mit der Zugspitze).

geophysikalischer Messungen darstellen; aber auch da gibt es viele Deutungen. (s. Transalp-Profil von LAMMERER, Abb. 12, S. 18). Dies gilt auch für den speziellen Bau des Alpenrandes und der subalpinen Molasse (ORTNER et al. 2014). Eine kurze, verständliche geologische Gesamtübersicht bieten das Heft »Rocky Austria« von der Geologischen Bundesanstalt in Wien (2013) und »Geo Bavaria« vom ehemaligen Bayerischen Geologischen Landesamt (aus letzterem habe ich einige Tabellen und Grafiken übernommen). Daneben enthalten die Hefte »Geotope in Oberbayern und Schwaben« des Bayerischen Landesamtes für Umwelt Einführungen in die Geologie der Bayerischen Alpen und ihres Vorlandes und beschreiben wichtige geologische Aufschlüsse.

Die vorgeschlagene Reise soll in Füssen beginnen und zum Teil auf dem Bodensee-Königssee-Radweg verlaufen. In dem bikeline Radtourenbuch des Esterbauer-Verlages (2015) ist dieser Weg genau beschrieben. Als topographische Karten empfehle ich die Umgebungskarten 1:50000 des Landesamts für Digitalisierung, Breitband und Vermessung Bayern: UK 50-48 Füssen, UK 49 Pfaffenwinkel – Ammergauer Alpen Nord, UK 50-52 Tölzer Land – Starnberger See, UK 50-53 Mangfallgebirge, UK 50-54 Chiemsee – Chiemgauer Alpen und UK 50-55 Berchtesgadener Alpen. Als geologische Grundlage benützt man neben der Übersichtskarte GÜK 500 von Bayern mit Erläuterungen und der GÜK 200 Bl. Kempten und Bl. Rosenheim die alten GÜK 100 des Alpenrandes mit Profilen vom Bayerischen Geologischen Landesamt (heute Bayerisches Landesamt für Umwelt): Vom Bl. 662 Füssen im Westen über Bl. 663 Murnau, Bl. 664 Tegernsee, Bl. 665 Schliersee, Bl. 666 Reit im Winkel bis Bl. 667 Bad Reichenhall im Osten. Genauere Studien erlauben nur die geologischen Spezialkarten 1:25000 mit detaillierten Erläuterungen vom Landesamt für Umwelt. Der Raum östlich von Rosenheim ist auch auf der GÜK 200 von Salzburg dargestellt und erläutert (Geologische Bundesanstalt Wien).

Ich danke Prof. B. LAMMERER für eine Führung in das Ammertal, die Transalp-Profile mit kurzer Erläuterung sowie die Durchsicht des Manuskripts, Herrn J. BAUMANN und Herrn W. DEIGELMEYER für die Erstellung der Routenkarten und der Geologischen Kartenausschnitte.

Besonders danke ich aber meiner Frau CLAUDIA für die Reinschrift des Textes und Herrn J. BECKER für die Durchführung des komplizierten Umbruches, ohne deren Hilfe dieses langwierige Werk

niemals zustande gekommen wäre. Außerdem danke ich dem Bayerischen Landesamt für Umwelt für die Wiedergabegenehmigung von Ausschnitten aus den GK500 und GÜK100 (Schreiben vom 21.12.2017) und dem Landesamt für Digitalisierung, Breitband und Vermessung Bayern für die Daten und die Wiedergabegenehmigung der DTK100. Herrn PD Dr. DIETHARD STORCH gilt der Dank für die Durchsicht der Druckfahnen.

Geomorphologischer Überblick

Nähert man sich München von Norden, so hat man von den letzten Tertiärhügeln bei Föhnwetter plötzlich einen weiten Blick über die Münchner Schotterebene. Sie steigt langsam nach Süden zu den Moränenhügeln an und dahinter erhebt sich jäh die Alpenkette. Sie erscheint von Ferne wie eine Mauer, die nur gelegentlich von tieferen Taleinschnitten unterbrochen wird. Kommt man jedoch näher heran, so sieht man vorgelagerte, flachere, bewaldete Bergzüge vor den eigentlichen schroffen Kalkalpen-Ketten. Es sind dies die so genannten Flyschberge (Abb. 1). Morphologisch beginnen 1
mit diesen Flyschbergen meist die Bayerischen Alpen. Geologisch gehören aber auch die gefalteten und verschuppten Tertiär-Schichten (subalpine Molasse) unter der dünnen Moränendecke im Alpenvorland noch zu den Alpen. So liegt der geologische Alpenrand am Peißenberg 15 Kilometer vor dem morphologischen Alpengebirge. Die weichen Schichten des jüngeren Tertiärs sind hier abgetragen worden. Im Gegensatz dazu erreichen die harten, stärker herausgehobenen tertiären Nagelfluhketten im westlichen Allgäu noch über 1800 Meter Höhe und gehören auch morphologisch zum Gebirge. Der oft geradlinige, schroffe Gebirgsrand hat seine tiefere Ursache im geraden Verlauf der dort steil aufgebogenen und aufgeschobenen härteren Gesteinsschichten (Abb. 4). Siehe GÜK500 4
im Einband vorne und hinten.

Die individuelle Gestaltung des Alpenrandes ist abhängig von der verschiedenen Härte der verfalteten und zerbrochenen Gesteine, der Stärke ihrer Heraushebung und besonders auch der Art der Abtragung. Während der Eiszeiten haben die Gletscher an Schwächezonen und tektonischen Störungen (z. B. die Loisachtal-Störung) tiefe und verschieden breite U-Täler durch die Gebirgsketten gehobelt. Sie sind dabei älteren, vielfach steil eingekerbten Flusstälern gefolgt. Durch diese Alpentore schoben sich die Gletscher bis ins Alpenvorland vor und schürften und spülten im Sommer durch subglaziales Hochdruckwasser schon im westlichen Bereich der Flyschzone große Gletscherbecken

Abb. 3. Panorama von Holzhausen im Inntal mit dem Beginn der Chiemgauer Alpen: links der Heuberg, in der Mitte das Kranzhorn, im Hintergrund der Zahme und der Wilde Kaiser.

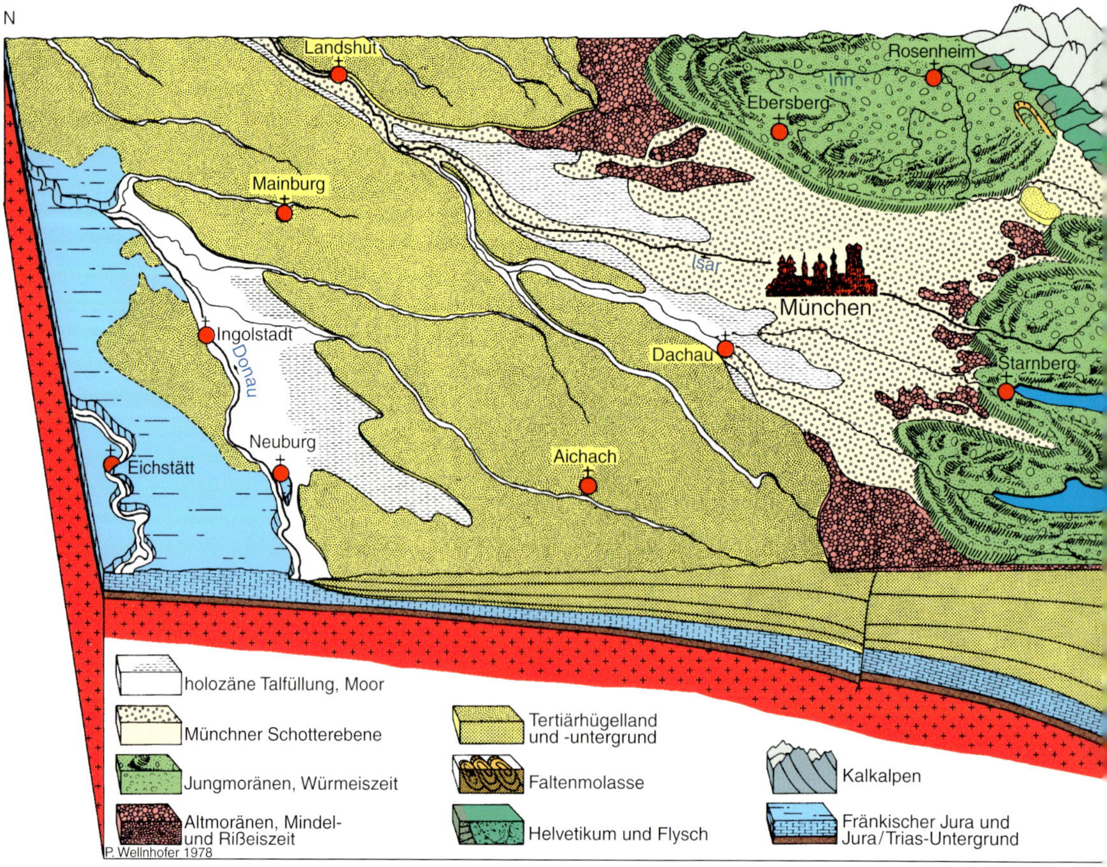

N

Landshut
Rosenheim
Inn
Ebersberg
Mainburg
Isar
München
Ingolstadt
Donau
Dachau
Starnberg
Neuburg
Eichstätt
Aichach

holozäne Talfüllung, Moor
Münchner Schotterebene
Jungmoränen, Würmeiszeit
Altmoränen, Mindel- und Rißeiszeit
Tertiärhügelland und -untergrund
Faltenmolasse
Helvetikum und Flysch
Kalkalpen
Fränkischer Jura und Jura/Trias-Untergrund

P. Wellnhofer 1978

Abb. 5. Der Hohe Göll im Berchtesgadener Land aus Dachsteinkalk überragt die Senke von Berchtesgaden, die in den weichen, zum Teil salzhaltigen Gesteinen der Hallstätter Zone ausgeräumt wurde.

aus. Sie sind heute weitgehend mit Seeton und Flussschottern verfüllt und mit Mooren bedeckt (z.B. das Murnauer Moos). Nur kleine Seen haben sich erhalten, wie z.B. der Kochelsee. Die großen, von den Gletschern geformten Täler gliedern die Bayerischen Alpen in charakteristische Gebirgsabschnitte (s. GÜK500).

Im Westen hat der Lechgletscher an der Lech-Störung die tief ins Gebirge eingreifende Füssener Bucht geschaffen, sodass hier das Kalkalpine Gebirge (z.B. mit dem Säuling, 2047 m) unmittelbar aus der Alpenvorlands-Ebene aufsteigt.

Östlich von Füssen beginnen die West-Ost verlaufenden Gebirgskämme der oberbayerischen Alpen. Ihnen sind bis zum Inn meist breite, weich geformte, bewaldete Flyschberge vorgelagert (Hoher Trauchberg mit der Hohen Bleick, 1638 m; Hörnle, 1548 m; 2
Zwiesel, 1348 m), die nur an der Loisach und am Kochelsee stärker vom Eis ausgeräumt sind. Dahinter im Süden steigen die Kalk- und Dolomit-Gipfel des Ammergauer Gebirges auf (Hochplatte, 2082 m; Kreuzspitze, 2185 m). Sie sind hauptsächlich aus den harten Gesteinen des Erdmittelalters, insbesondere der Trias aufgebaut. Das Längstal der oberen Ammer (oberhalb von Oberammergau) wurde dagegen in den weichen Schichten von Jura und Kreide

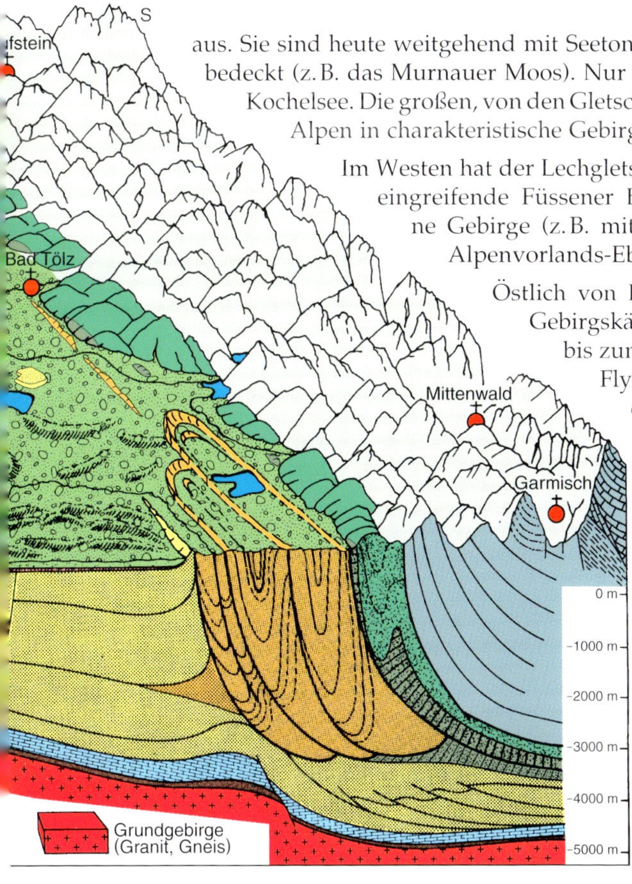

Abb. 4. Geologisches Blockbild von Oberbayern. – Nach P WELLNHOFER 1983 in PLESSEN (Hrsg.): »Die Isar«, München 1983.

ausgeräumt. Der Durchbruch nach Norden in Oberammergau folgt der nach Nordwesten gerichteten Ammer-Störung. Das Loisachtal hat sich an der großen, nach Nordosten gerichteten Loisachtal-Störung entwickelt.

Östlich davon rücken die Kalkalpen im Estergebirge einige Kilometer nach Norden vor; ebenso an der Kesselberg-Störung zwischen Walchen- und Kochelsee. Hier hat ein Arm des Isargletschers große Ausräumungsarbeit geleistet (GÜK 500). Am Kreuzungspunkt der Kesselberg-Störung mit der Jachenauer Jura-Mulde entstand der fast 200 Meter tiefe Walchensee. Dabei können auch leicht lösliche Gipse der Raibler Schichten im Untergrund eine Rolle gespielt haben.

Im Isarwinkel und in den Tegernseer bis Schlierseer Bergen werden die breiten Flysch-Vorberge nur von den zunehmend schmäleren Tälern der Isar, Mangfall und Schlierach zerschnitten, da hier nur noch kleinere Gletscherzungen vom Inntal herüberreichten. Die anschließenden Kalkalpen gliedern sich in einen alpenrandnahen Kalkgebirgszug (Benediktenwand, 1801 m; Fockenstein, 1564 m; Wendelstein, 1838 m), dem nach Süden von der Isar bis zum Mangfallgebirge eine einförmige Gebirgslandschaft aus Dolomitgesteinen folgt. Sie wird im Süden von den schroffen Kalk-Hochgebirgen des Wettersteingebirges und Karwendelgebirges überragt.

Östlich des vom großen Inngletscher ausgeschürften Inntales und seines ausgedehnten Vorland-
3 Zungenbeckens von Rosenheim beginnt der Chiemgau (Abb. 3). Die Flyschzone verschwindet hier weitgehend unter den nach Norden bis an den Alpenrand vorrückenden Kalkalpen. Markante Berge sind die Hochries (1568 m), die Kampenwand (1664 m) und jenseits des breiten Tales der Tiroler Achen (Chiemseegletscher) der Hochgern (1744 m) und der Hochfelln (1664 m). An der Traun setzen dann südlich von Traunstein plötzlich wieder die Flyschberge ein und verbreitern sich gegen Salzburg (Teisenberg, 1333 m). Der Nordrand der Kalkalpen wird östlich von Ruhpolding durch eine weitere Kalkgebirgskette geprägt (Rauschberg 1645 m und Hochstaufen 1771 m), die sich nach Südwesten über den Seehauser (Hoch-)Kienberg nordöstlich von Reit im Winkl bis zum Zahmen Kaiser (bis 1997 m) verfolgen lässt und jenseits des Inntales über den markanten Guffert (2194 m) Anschluss an das Karwendelgebirge (bis 2749 m) findet.

Die Berchtesgadener und Salzburger Alpen beginnen jenseits der Saalach und weisen andere Landschaftsformen auf als der westlich davon gelegene bayerische Alpenanteil. Ursache ist der andersartige geologische Aufbau. Es fehlen die sonst für die bayerischen Alpen bezeichnenden langen Gebirgsketten. Stattdessen herrschen klotzige Gebirgsstöcke mit steilen Felswänden und
5 verkarsteten Hochplateaus vor (Untersberg, 1972 m; Hochkalter, 2707 m; Hoher Göll, 2522 m; Watzmann, 2713 m; Steinernes Meer, bis 2578 m). Zwischen den über 2500 Meter hohen Gipfeln liegt der tief eingeschnittene Königssee (600 m). Das Salzachtal verläuft in einer ähnlich tief in die Kalkalpen eingeschnittenen Quertal-Furche wie das Inntal. Der große Salzachgletscher folgte dabei auch einer ausgeprägten Störungszone mit mächtiger Kreidefüllung um Salzburg.

Geologische Übersicht

Nachdem im geomorphologischen Überblick schon die Zusammenhänge zwischen Gesteinsuntergrund und Landschaftsformen in den einzelnen Gebirgsabschnitten geschildert wurden, möchte ich nun näher auf den geologischen Aufbau anhand von Querprofilen der GK 500 von Bayern eingehen
6 (Abb. 8). Neuerdings wurden diese Profile am Alpenrand durch detaillierte geophysikalische Daten
7 8 verbessert und ergänzt (s. ORTNER et al. 2014). Der bayerische Alpenrand gliedert sich in schmale, west-ost gerichtete geologisch-tektonische Zonen. Sie sind in ihrer Längsrichtung durch einheitlichen Gesteinsbestand und gleichförmigen Baustil gekennzeichnet, unterscheiden sich aber untereinander erheblich und grenzen mit großen tektonischen Störungen und Überschiebungen aneinander. Dabei ist jeweils die südliche Einheit über die nördliche überschoben (Abb. 6). Der Aufbau in der Tiefe konnte erst durch Bohrungen (z. B. Vorderriß 1) und vor allem durch geophysikalischen Messungen (v. a. Seismik) geklärt werden.

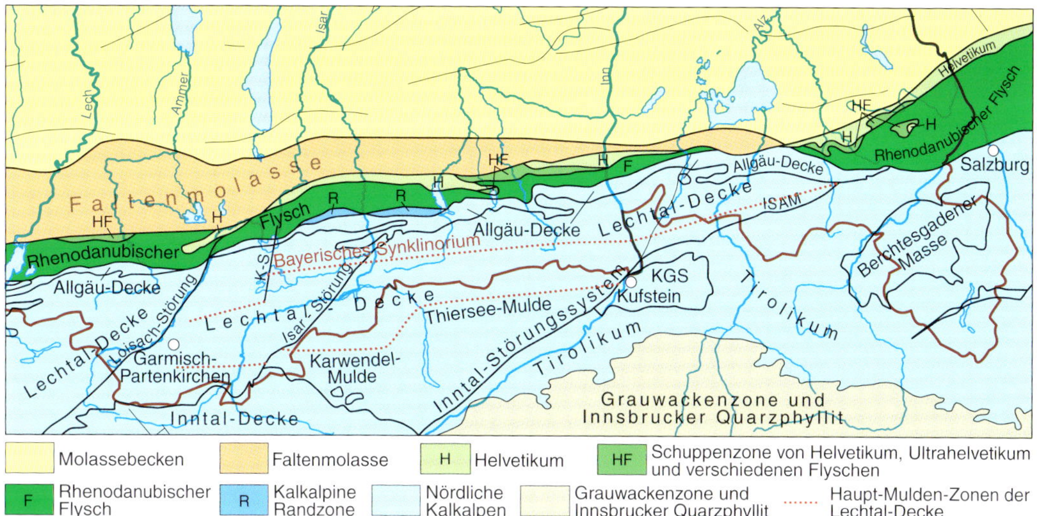

Abb. 6. Tektonische Übersichtskarte Oberbayerns. K-S, Kesselberg-Störung; ISAM, Inntal-Salzburg-Amstetten-Störungszone; KGS, Kaisergebirgsscholle. – Verändert nach Bayerisches Geologisches Landesamt 1996.

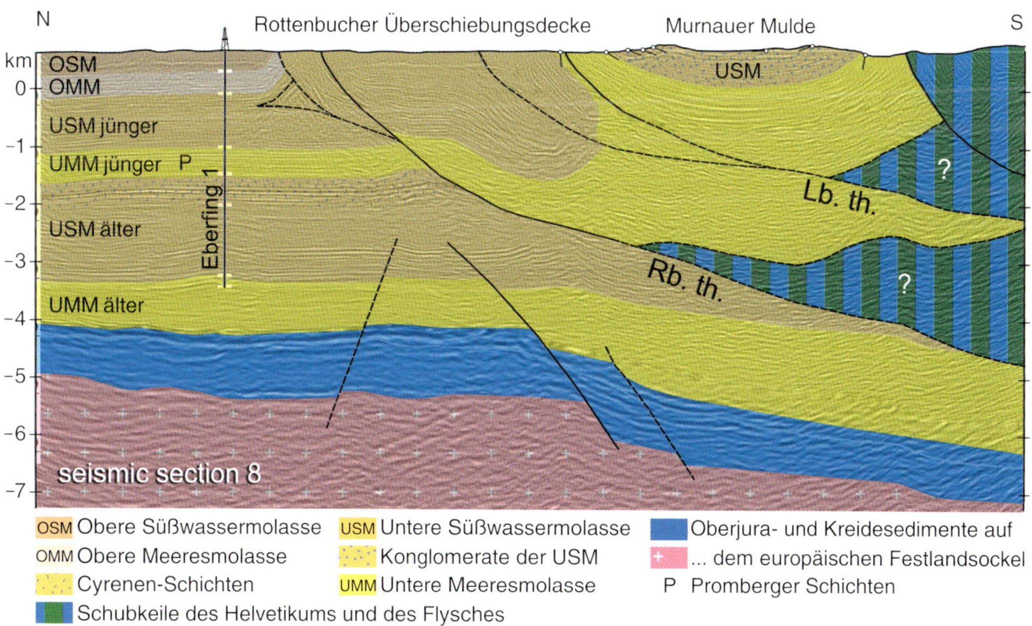

Abb. 7. Neue geologische Interpretation des seismischen Profils durch die Subalpine Molasse südöstlich von Weilheim. Schubkeile des Helvetikums und des Flysches haben die Molasse in einzelne Überschiebungsdecken zerlegt. Beim Profil 4 in Abbildung 8 ist dieses Detail am Alpenrand noch nicht berücksichtigt. LB th., Lechbruck-Überschiebung; RB th., Rottenbuch-Überschiebung. – Nach ORTNER et al., 2014, Fig. 13.

Im Norden liegen die Schuppen der Faltenmolasse (Subalpine Molasse, gelb-orange auf der GK 500). Diese bis 16 Kilometer breite Zone gehört noch zum Alpenvorland und ist meist durch quartäre, eiszeitliche Ablagerungen verhüllt (grün). Ihre tertiärzeitliche Schichtfolge reicht vom Obereozän

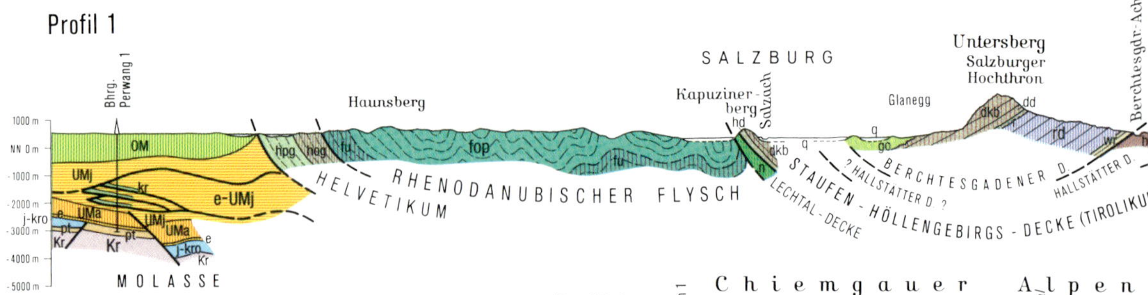

Abb. 8. Geologische Alpenprofile. – Verändert nach Bayerisches Geologisches Landesamt 1996: Erl. z. Geol. Karte von Bayern 1:500 000, Beilage 6. Siehe auch Abb. 12.

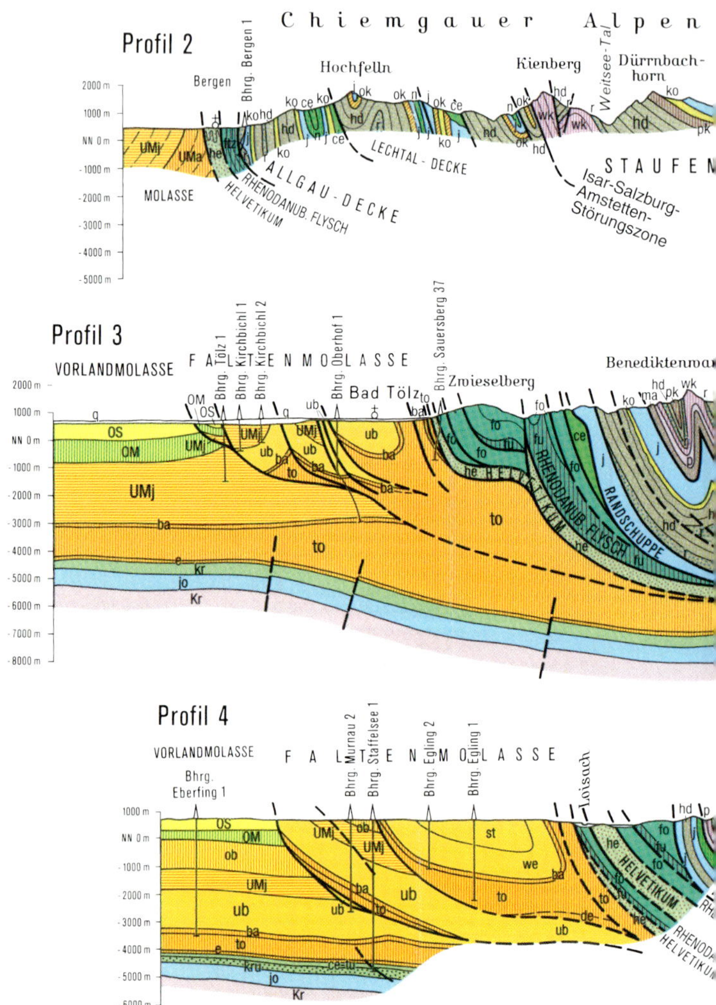

bis zum Miozän und umfasst Tonmergel, Sande und Sandsteine mit örtlichen Einschaltungen von Kohleflözen und vor allem im Westen mächtigen, groben Konglomeraten. Die Faltenmolasse grenzt im Norden, dort wo die Überschiebungsbahnen steil nach oben biegend auslaufen, an die eben lagernde Vorlandmolasse; letztere ist am Südrand ebenfalls z.T. aufgebogen (z.B. Peißenberg) im Untergrund jedoch vielfach verschuppt (s. LAMMERER
12 2011, Abb. 12, und ORTNER 2014,
7 Abb. 7). Die Molasse-Sedimente werden am Alpenrand bis 5000 Meter mächtig und sind nach geophysikalischen Messungen weit unter die Kalkalpen nach Süden
8 zu verfolgen (Abb. 8). Schubkeile der helvetischen Schichten und des Flysches haben die Molasse im Untergrund des Alpenrandes zusammengeschoben und verschuppt (nicht in Abb. 8 dargestellt).

Am Fuß der Flyschberge lässt sich immer wieder eine schmale Zone aus helvetischen Gesteinen beobachten (gelbgrün). Es sind flachmarine Kalke, Mergel und glaukonitische Sandsteine der Kreide und des Alttertiärs, die im Allgäu von der Schweiz herüberreichend noch eine große Verbreitung haben, aber dann nach Osten immer geringmächtiger (100–200 m) werden. Sie sind tektonisch verfaltet, steilgestellt, verschuppt und auf die Faltenmolasse aufgeschoben und konnten noch 25 Kilometer südlich des Alpenrandes in der Bohrung Vorderriß unter den Kalkalpen in über 6400 Metern Teufe nachgewiesen werden. Berühmt sind die an Großforaminiferen reichen Nummulitenkalke des Alttertiärs (z.B. Enzenauer Marmor bei Bad Heilbrunn oder Adelholzener Schichten bei Siegsdorf).

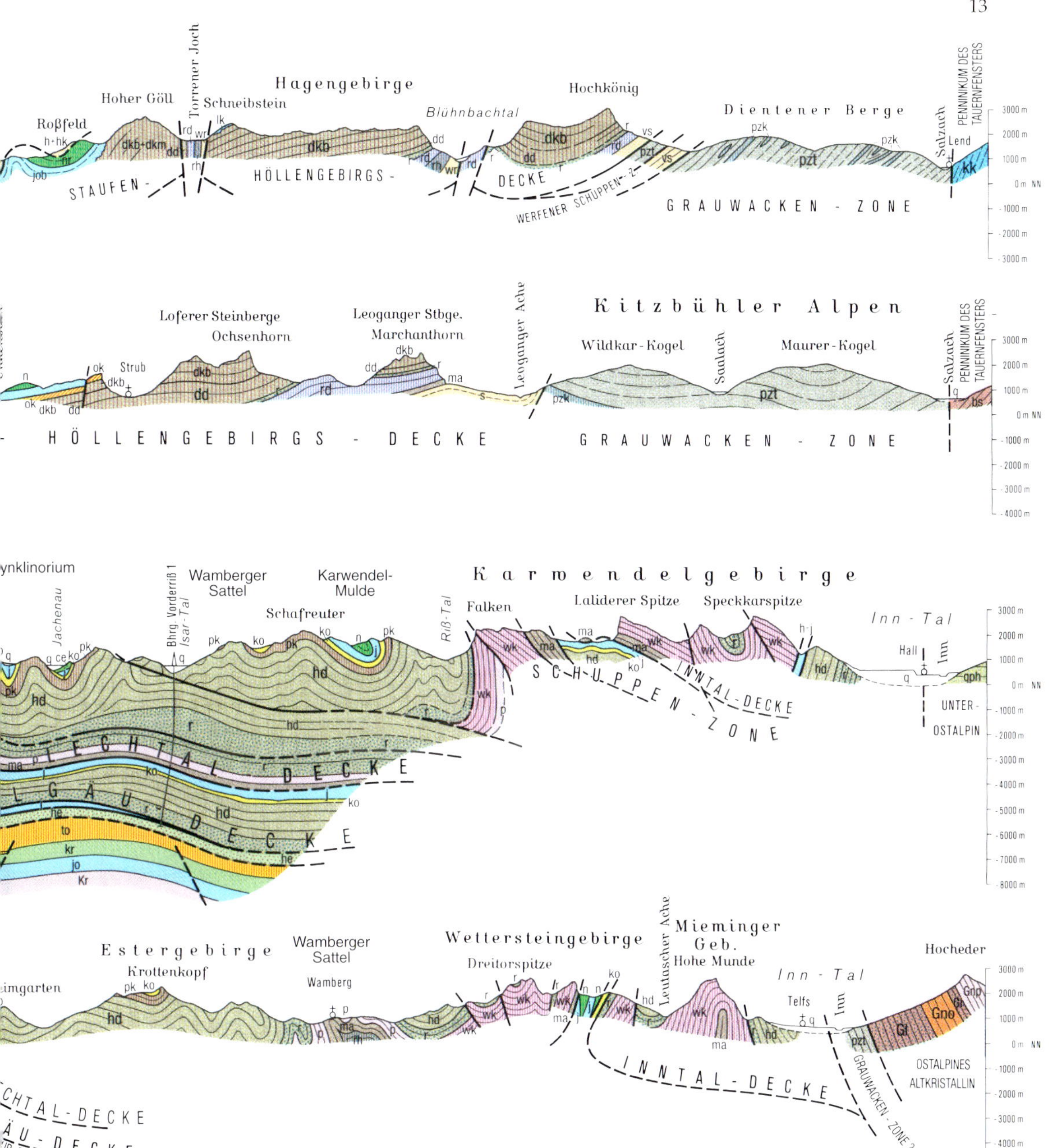

Mit den Flyschbergen beginnen die Alpen (dunkelgrün). Die bis 7 Kilometer breite Flyschzone besteht aus rhythmisch gebankten Abfolgen aus Kalken und Mergeln mit wechselnden (von grob nach fein gradierten) Sandanteilen. Schichtungstyp und Spurenfossilien auf den Schichtflächen bei sonstigem Fossilmangel weisen auf Ablagerungen von Trübeströmungen (Turbidite) in großen Meerestiefen (bis weit über 2000 m) hin. Die insgesamt weichen, dünnbankigen Schichten sind sehr stark verfaltet und sehr erosionsanfällig, sodass es oft zu Hangbewegungen wie Rutschungen und Muren kommt (Flysch kommt von »fließen«). Die gesamte Flyschabfolge wird bis 1500 Meter mächtig und wurde überwiegend in der Kreide abgelagert.

Hinter den Flyschbergen steigen jäh die Kalkalpen empor. Sie bestehen aus einem 5000 bis 8000 Meter (nach Osten zunehmend) mächtigen Sedimentstapel, der in der Zeit vom Perm bis in die Kreide abgelagert wurde, wobei die flachmarinen Triaskalke und -dolomite besonders mächtig werden. Die hohe Gesamtmächtigkeit kommt jedoch dadurch zustande, dass gleichalte Schichten an Gleitbahnen mehrfach übereinandergestapelt sind. Westlich des Inns sind 3 Hauptdecken-Systeme auskartiert (Abb. 6 und 8): Zuunterst liegt die, in Oberbayern nur noch schmal am Alpenrand zutage tretende, eng verfaltete und verschuppte Allgäu-Decke mit einer Randschuppenzone. Sie wird vor allem durch mächtige Jura-Ablagerungen (j) (insbesondere Lias-Fleckenmergel der Allgäuschichten) geprägt. Darüber folgt die ausgedehnte Lechtal-Decke mit sehr mächtigem Hauptdolomit (hd). Wie die Bohrung Vorderriß 1 gezeigt hat, liegen aber auch hier mehrere Teildecken übereinander. Dabei bilden die mächtigen, z. T. salinaren Raibler Schichten (r) der tiefen Obertrias die Gleitbahnen. Darunter folgen nur Partnach-Mergel (p) und kein Wettersteinkalk (Abb. 8, Profil 3). An der Oberfläche zeigt die Lechtal-Decke deshalb hier einen breiten Faltenbau. Nur die Deckenstirn ist auch aufgrund des stabilen Wettersteinkalkes (wk) steil hochgepresst und überschoben (z. B. an der Benediktenwand); Daneben sind im »Großen Muldenzug« Sedimente bis in den Lias (j) erhalten (z. B. Brauneck). Nach Süden folgt in der Jachenau (im Bereich des im Untergrund fehlenden Wettersteinkalkes) die Doppelmulde des Synklinoriums mit Rhät-, Jura- und Kreide-Ablagerungen an der Oberfläche, dann das untergliederte Hauptdolomit-Gewölbe samt Wamberger Sattel und schließlich die mit Jura- und Kreide-Resten gefüllte Karwendelmulde vor Hinterriß. Dahinter steigen die Wettersteinkalk-Wände des Karwendels auf, die schon zur Inntal-Decke gehören. Sie sind offensichtlich ebenso herausgepresst und überschoben wie die Benediktenwand an der Lechtal-Deckenstirn und gehören eventuell zum gleichen Deckensystem (s. BRANDNER 2014: »Der Große Ahornboden«).

Der Sattel- und Muldenbau verändert sich im Streichen, d. h. in Längsrichtung des Gebirges. Zum Teil wird er auch an großen Querstörungen versetzt, wie z. B. an der Isar-Störung oder an der
6 Kesselberg-Störung (Abb. 6). Westlich davon heben die Muldenstrukturen des Synklinoriums vor der Loisach-Störung am Krottenkopf sowie die Karwendelmulde an der Zugspitze (Kreuzeck) heraus.

Dies zeigt, dass der Ostflügel der Loisach-Störung besonders im Südteil auch stark herausgehoben ist. Es handelt sich um eine Transpressions-Störung die zum Teil blumenstraußartig herausgepresst ist.

Östlich des Inns verschmälern sich die Allgäu- und besonders die Lechtal-Decke immer mehr und werden schließlich am Rauschberg bei Ruhpolding von der Staufen-Höllengebirgs-Decke überfahren (s. Profil 2 in Abb. 8). Sie wird auch als Tirolikum bezeichnet, im Gegensatz zum zuvor beschriebenen Bajuvarikum. Beide Deckensysteme sind durch die große Inntal-Salzburg-Amstetten-Störungszone (ISAM) voneinander getrennt. An ihr kam es im Jungtertiär auch noch zu großen Seitenverschiebungen. Die Störungszone verläuft von Kufstein über den Walchsee nördlich des Kaisergebirges, Kössen und Reit im Winkl in Richtung Inzell. Die Deckenstirn wird wieder von herausgepressten und überschobenen Wettersteinkalk-Zügen markiert. Sie entwickelt sich westlich des Inns vielleicht aus der großen Guffert-Antiklinale (Wettersteinkalk-Sattel und Achentaler Überschiebung, s. Profil Abb. 12 und 13), Die Staufen-Höllengebirgs-Decke bildet eine große Muldenstruktur (Profil 2 in Abb. 8): Am Nordrand fällt der Wettersteinkalk am Hohenstaufen nach Süden ein und wird vom Hauptdolomit überlagert
E3 (Abb. E3). Jenseits der Saalach herrschen im Berchtesgadener Land mächtige Kalkgebirgs-Stöcke aus Ramsaudolomit und Dachsteinkalk, die am Hochkalter, Watzmann und Steinernen Meer nach Süden herausheben. Im Muldenzentrum hat sich zwischen Reichenhall und Berchtesgaden noch eine höhere Deckscholle erhalten (Reiteralpe, Lattengebirge und Untersberg). Diese so genannte Berchtesgadener Einheit, auch Juvavikum (von lat. Salzburg) genannt, soll nach neueren Untersuchungen (z. B. MISSONI & GAWLICK 2011) nur ein lokal herausgepresstes Bauelement innerhalb des Tirolikums sein. Die Hallstätter Kalke (hk) an ihrer Basis sind im Jurameer eingeglittene Großschollen. Auf dem liegenden Haselgebirge (h) kann aber auch die gesamte Berchtesgadener Einheit (samt Hohem Göll) eingerutscht sein. Erst mit der Einengung im Tertiär wurden dann die heutigen Gebirgsstöcke herausgepresst. In den Tälern dazwischen liegen heute die Reste des Haselgebirges. Das mobile Salz ist sicher schon zur Triaszeit an Kluftzonen aufgestiegen und hat Salzstöcke gebildet. Dort, wo es den Meeresboden erreicht, wurde es gelöst, und es entstanden entlang der Kluftzonen submarine Täler. Diese wurden dann langsam mit bunten Hallstätter Kalken gefüllt. Damit wäre die Entstehung der schmalen Hällstätter Kalkzonen um Berchtesgaden ohne großen Ferntransport leichter zu erklären.

Erdgeschichte und tektonische Entwicklung des Alpenraumes

Der sehr komplizierte und verwirrende heutige Aufbau der Bayerischen Alpen ist das Ergebnis einer langen, sehr wechselvollen Erdgeschichte, hauptsächlich ab dem Erdmittelalter. Die heute eng nebeneinander liegenden Gesteine verschiedener Bildungsräume von Flussablagerungen über Flachmeer- bis zu Tiefsee-Ablagerungen sind in großer Entfernung zueinander, z. T. auf verschiedenen Kontinenten entstanden. Erst durch paläomagnetische Datierungen, z. B. magnetithaltiger Ergussgesteine (u. a. Basalt) konnten ihre ungefähre damalige Lage und das Wandern der Kontinente
wahrscheinlich gemacht werden (Abb. 9, 10): Im Perm, am Ende des Erdaltertums, hingen die 9
Kontinente im Gegensatz zu heute noch weitgehend zusammen und bildeten den Superkontinent 10
Pangäa. Im trockenheißen Klima lagerten sich in Küstenlagunen große Salzlager ab (Haselgebirge von Berchtesgaden).

Auch zu Beginn der Trias-Zeit vor 250 Millionen Jahren lag unser Gebiet noch äquatornah im Bereich des nördlichen Wendekreises. Der Tethys-Ozean, ein Ausläufer des Pazifiks, dehnte sich an Störungen weiter nach Westen aus. Dadurch wurde der Superkontinent Pangäa langsam überschwemmt. In den flachen, warmen Küstengewässern des alpinen Schelfs setzte nach Beendigung der Sandschüttungen aus dem Norden (Buntsandstein und Werfener Schichten) die Kalkbildung ein. Da die Sedimentbildung mit der Absenkung des Meeresbodens am passiven Kontinentalrand Schritt hielt, konnten im Laufe der Trias mehrere 1000 Meter Flachwasserkalke, insbesondere Riffkalke und -dolomite entstehen. Nur gelegentlich kam es zu Sandschüttungen und zur Unterbrechung des Riffwachstums; z. B. in den Raibler Schichten am Beginn der Obertrias.

Am Ende der Trias-Zeit und im Jura riss Pangäa weiter auf. Es begann eine unruhige Zeit und unser Gebiet gliederte sich in tiefere Becken und flachere Schwellenbereiche am Rande des neu entstandenen Penninischen Ozeans. Dieser öffnete sich zwischen dem Ostalpinen (Adriatischen) Schelf und dem europäischen Festland-Sockel (Helvetischer Schelf). Er ist ein seitlich versetzter Ausläufer des schon existierenden Zentralatlantiks. Gleichzeitig begann am Ostrand des nun isolierten Ostalpinen Schelfs, am ehemaligen Rand der Tethys, die Einengung und Deckenbildung, die sich in den

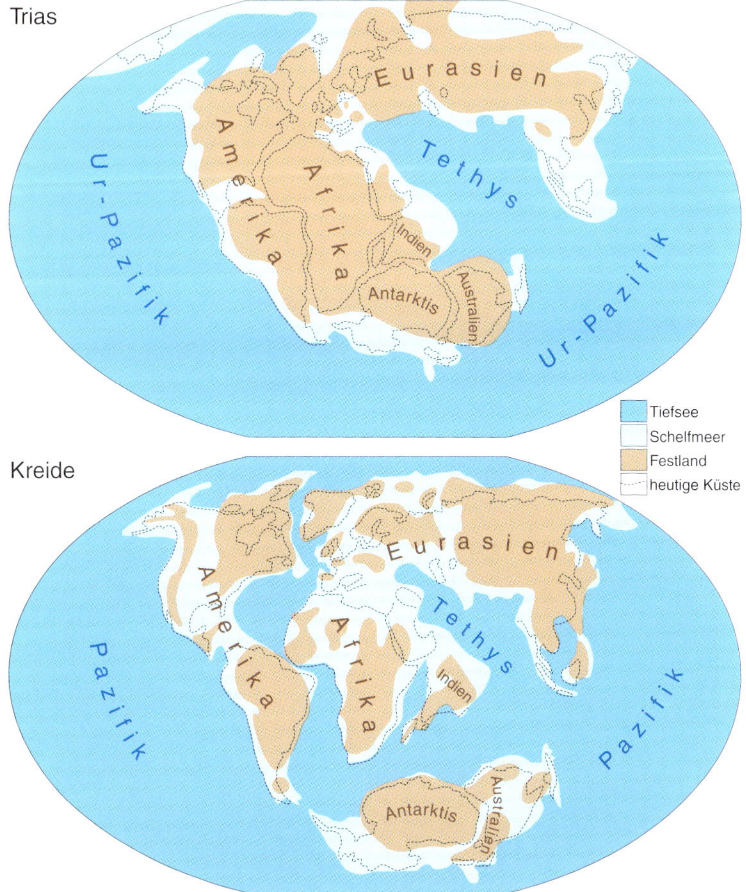

Abb. 9. Lage der Kontinente und Verteilung von Land und Meer in der Trias- und Kreide-Zeit. – Nach SCHOLZ *2015.*

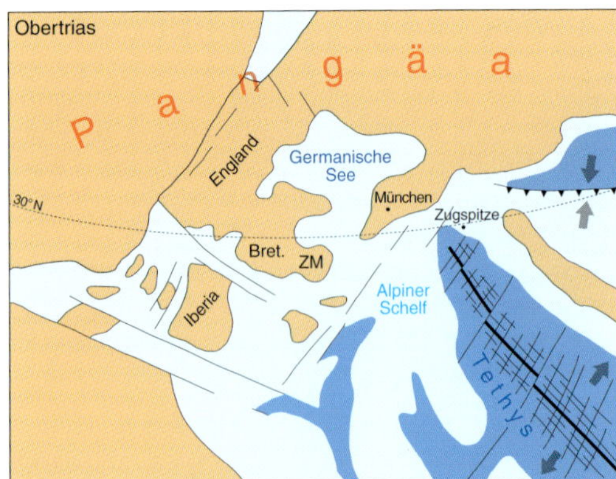

Obertrias: Der große Urkontinent Pangäa begann an einigen Verwerfungen auseinanderzubrechen. Von Südosten her drang der Tethys-Ozean immer weiter noch Norden vor. Am benachbarten Kontinentalschelf lagerten sich die Sedimente der heutigen Alpen ab. ZM = Zentralmassiv.

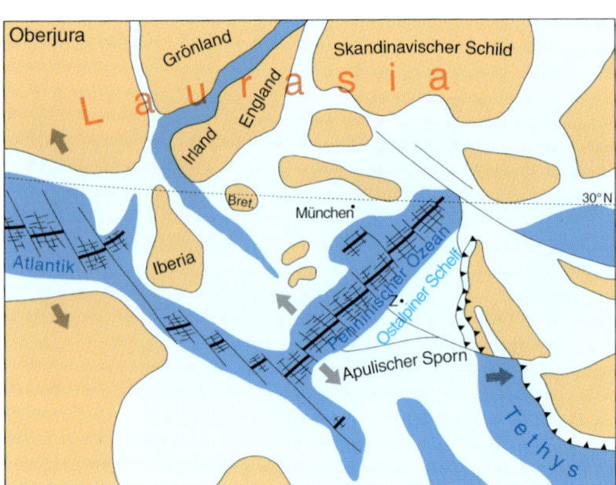

Oberjura: Vom Zentral-Atlantik, der bereits existierte, bildete sich über einige große Störungen versetzt mitten in Europa eine neue ozeanische Kruste an auseinanderdriftenden Kontinentalrändern, der Penninische Ozean. Die Tethys verkleinerte sich und der alpine Ablagerungsbereich wurde stark verkürzt. Die Bildung der alpinen Decken setzte ein (Eingleitung der Hallstätter Schollen). Apulischer = Adriatischer Sporn.

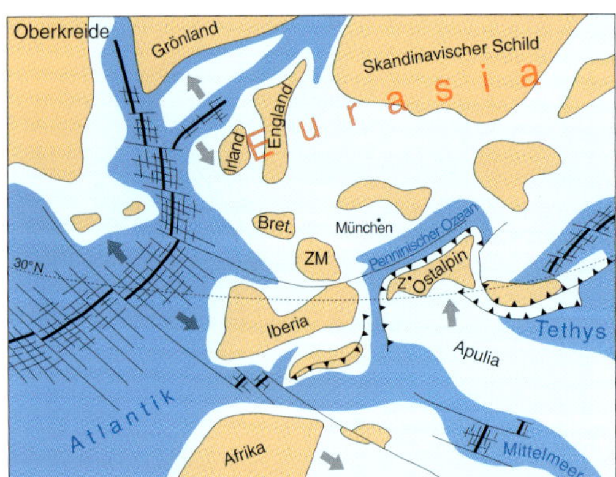

Oberkreide: Zu Lasten des Penninischen Ozeans verlagerte sich der Schwerpunkt des Auseinanderbrechens von Pangäa auf den Nordatlantik. Der Mittelozeanische Rücken des Penninischen Ozeans wurde von den alpinen Decken überfahren. Nördlich davon entsteht der Flyschtrog. Zu erkennen sind mehrere große, zusammenhängende Landmassen, die bereits die heutigen Umrisse von Europa erahnen lassen. Apulia trennte sich von Afrika.

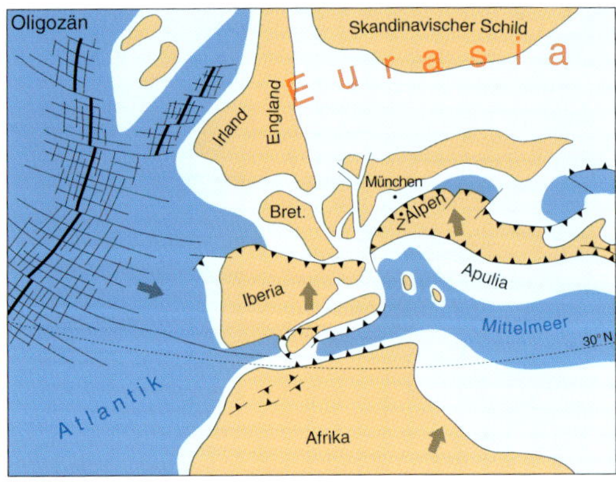

Oligozän: Apulia rotierte gegen den Uhrzeigersinn und schob dabei die abgescherten Gesteinspakete der Alpen weit nach Norden auf den europäischen Kontinent. Die letzten verbliebenen Meeresbereiche in Zentraleuropa verlandeten (Molassemeer) oder wurden im Verlauf des Tertiärs vom offenen Ozean abgeschnürt und trockneten sogar aus (Mittelmeer). Erst in jüngster Zeit kam es wieder zu einer Verbindung zum Atlantik bei Gibraltar.

Abb. 10. Paläogeographische Entwicklung ab der Obertrias bis ins Tertiär. ▭, *Festland;* ▭, *Flachmariner Schelf;* ▭, *Tiefmarine Region mit mittelozeanischen Rücken;* ▭, *Subduktionszone, Hauptüberschiebung;* ▭, *relative Plattenbewegung. – Aus* KMENT *2004, nach Geol. Bundesanstalt 2002, verändert von* MEYER.

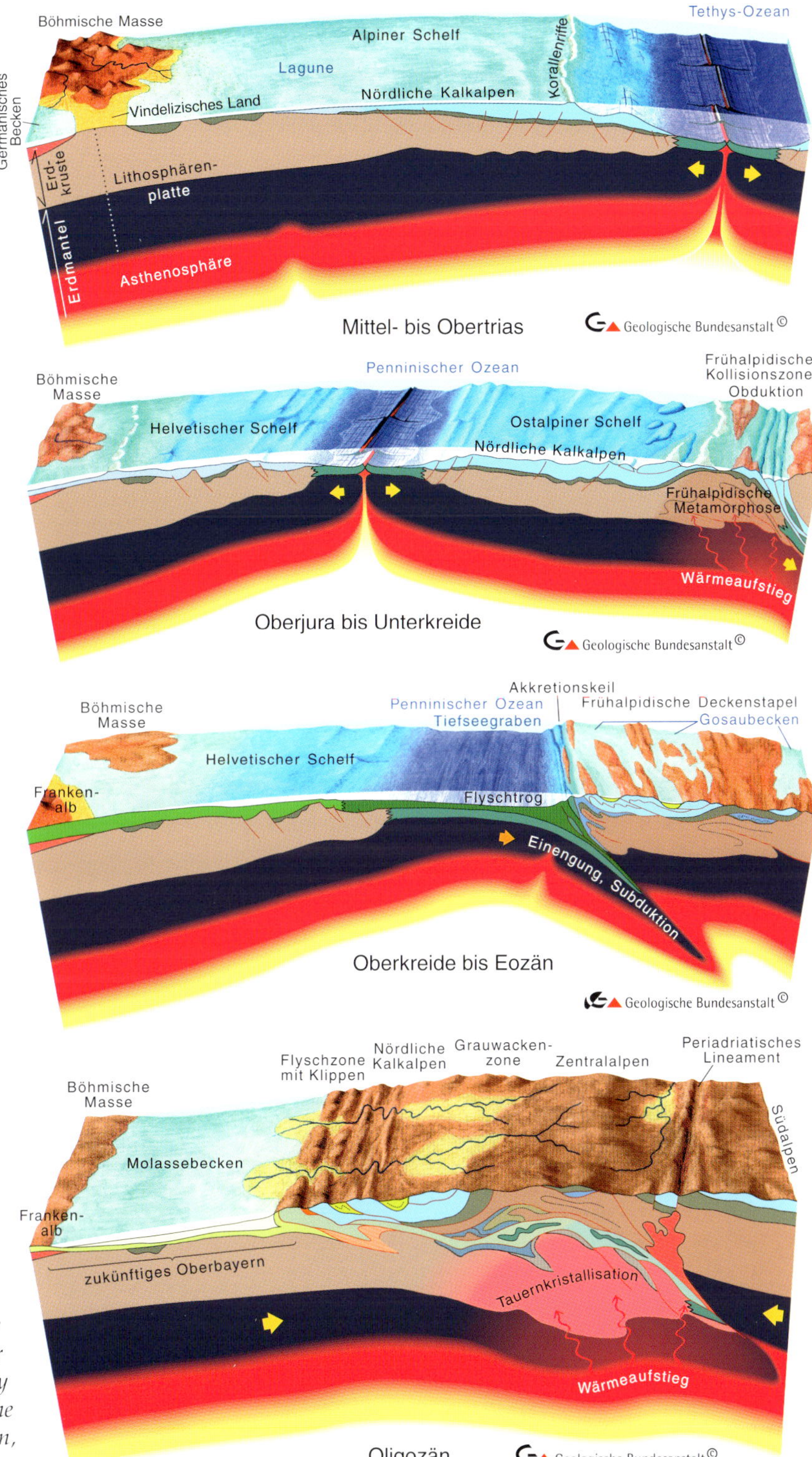

Abb. 11. Vom Triasmeer zum Alpenland: Blockbilder zur Entstehung der Alpen. – Aus Rocky Austria, Geologische Bundesanstalt Wien, 2002.

Jura-Ablagerungen von Berchtesgaden als Brekzien und große Deckschollen von Hallstätter Kalken, Dachsteinkalk und eventuell auch Ramsaudolomit, wenn die juvavischen Berge eingeglitten sind, nachweisen lässt (frühalpidische Kollisionszone am Tethysrand). Auch die Hauptdolomit-Schollen in den Oberjura-Aptychenkalken der Allgäu-Decke (z. B. bei Unterammergau und Ohlstadt) können damals eingerutscht sein.

In der Kreide-Zeit zerbrach Pangäa weiter und es bildete sich auch der Nordatlantik zwischen Europa und Nordamerika. Die langsame Ausdehnung des Nordatlantiks am Großen Mittelozeanischen Rücken wurde durch die teilweise Schließung des Penninischen Ozeans kompensiert. Dabei wurde der Südrand des Penninischen Meeresbodens langsam nach Südosten verschluckt (subduziert) und darüber schoben sich die Deckensysteme der Kalkalpen mindestens 60 Kilometer nach Nordwesten übereinander (EISBACHER & BRANDNER 1996); sie kamen z. T. schon über Wasser und wurden abgetragen (eoalpine Gebirgsbildung). Die verbleibenden flachen Meeresbecken auf den Deckenstapeln
11 wurden synorogen mit Konglomeraten und Brekzien der Oberkreide (Gosau) gefüllt (Abb. 11).
Nordwestlich der alpinen Faltungs- und Subduktionszone entstand im Penninischen Ozean ein Tiefseegraben, der in der höheren Kreide mit den Sedimenten des Flysches gefüllt wurde (Abb. 11), die an den steilen Beckenrändern submarin abgerutscht sind.

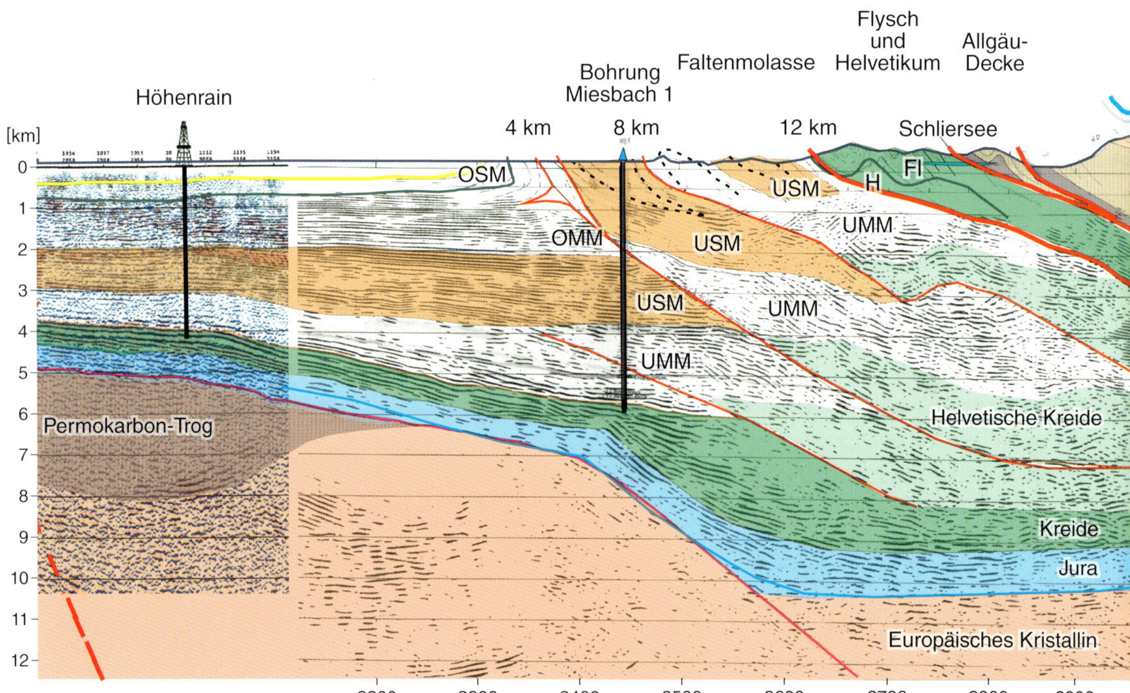

Abb. 12. Querprofil durch die Nördlichen Kalkalpen zwischen dem Alpenrand und dem Inntal bis in 10 Kilometer Tiefe (mit den Reflektoren der TRANSALP-Seismik). Im Vorland erkennt man unschwer die Stapelung der einzelnen tektonischen Schuppen (Molasse und Flysch), die aber auch in den Kalkalpen existieren. Die Kalkalpen sind zudem in Falten mit kilometergroßen Amplituden gelegt, die aber mindestens zum Teil bereits in der Kreidezeit angelegt wurden, wie die Überlagerung durch die kreidezeitlichen Gosauschichten (Brandenberger Gosau) belegt ist. Die Guffert-Antiklinale und der Wamberger Sattel sind über die heutige Topographie

Schließlich beschleunigte sich zu Beginn des Tertiärs wieder die Einengung und Subduktion des Penninischen Ozeanbodens. Dadurch rückten im Eozän und Oligozän die kalkalpinen Decken rasch nach Norden über den Flysch vor. Diese Hauptorogenese wurde durch die Rotation Afrikas und seines ehemaligen Ausläufers Apulia (Adria) gegen den Uhrzeiger und damit gegen Europa in Folge der Bildung des Südatlantiks verursacht. Dadurch schloss sich der Penninische Ozean und der Alpenraum wurde Teil Europas. Die Überschiebungsfront griff dann auch noch auf den helvetischen Rand Europas über. Der Deckenstapel verdickte sich immer mehr und hob sich langsam aus dem Meer, da die Subduktion durch das Aufeinandertreffen von Apulia (Adriaplatte) auf Europa nun zum Stillstand kam (Abriss der subduzierten Europaplatte). Davor sank jedoch durch das Gewicht der Decken das Molasse-Meeresbecken ein und nahm immer mehr Abtragungsschutt der langsam aufsteigenden Alpen auf, wodurch es teilweise verlandete (Untere Süßwassermolasse).

Im Miozän vor rund 20 Millionen Jahren drang nochmals das Meer von Osten und Westen ins Molassebecken ein (Obere Meeresmolasse). Gleichzeitig stiegen die Zentralalpen (Tauern) auf und wurden durch das Vorrücken der Südtiroler Dolomiten nach Norden bewegt (Umkehrung der Subduktion). Dieser Norddruck führte einerseits in den Kalkalpen zu großen seitlichen Ausweichbewegungen (z. B. an der Inn- und der Loisach-Störung). Andererseits wurden auch die kurz vorher abgelagerten Molasse-Sedimente von den Kalkalpen z. T. überfahren und zusammengeschoben; es entstand die Subalpine Faltenmolasse. Erst im Obermiozän vor rund 10 Millionen Jahren wurde das Molassebecken durch anhaltende Hebung der Alpen, die nun zum Hochgebirge aufstiegen, zum Abtragungsgebiet.

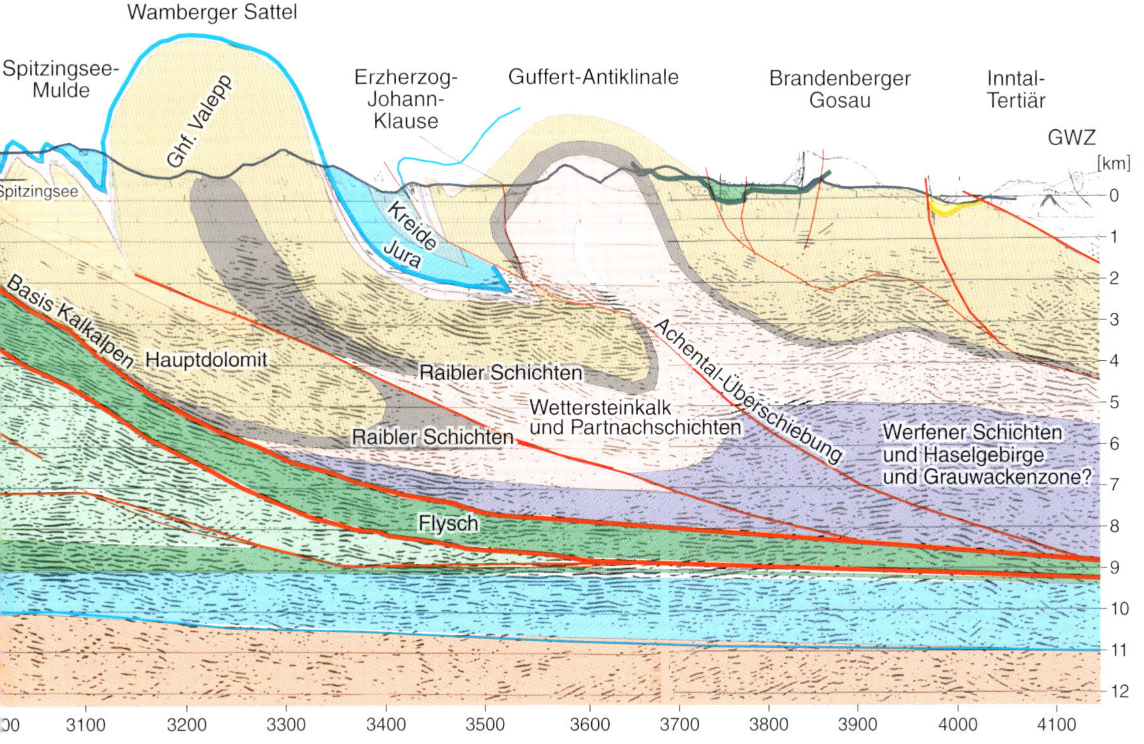

hinaus gezeichnet, um einen Eindruck von den erodierten Massen zu geben. Die Kilometerangaben (oben) bei Miesbach beziehen sich auf die Mindest-Überschiebungsweiten an den entsprechenden Störungen. UMM, Untere Meeresmolasse; USM, Untere Süßwassermolasse; OMM, Obere Meeresmolasse; OSM, Obere Süßwassermolasse; H, Helvetikum; Fl, Flysch; GWZ, Grauwackenzone. Zahlen an der Basis: Referenzpunkte für die seismischen Profile, 100 ≙ 2,5 km. – LAMMERER 2017 (unveröffentlicht).

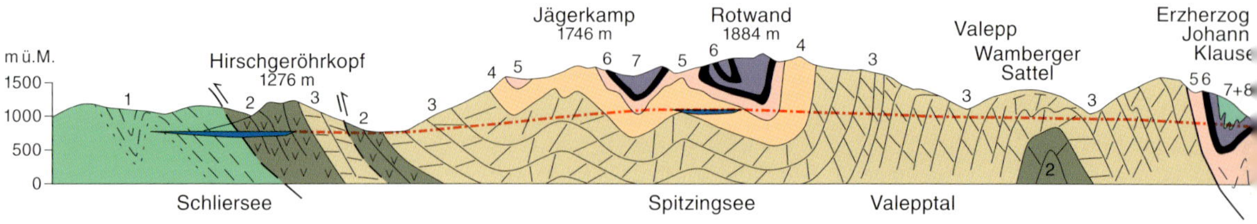

Abb. 13. Querprofil durch die Kalkalpen zwischen dem Schliersee und dem Inntal durch die Valepp. 1, Flyschgesteine; 2, Raibler Schichten; 3, Hauptdolomit; 4, Plattenkalk; 5, Kössener Schichten; 6, Rhät-Riffkalk; 7, rote kieselige Juraschichten; 8, Malm-Aptychenschichten; 9, Kreide-Aptychenschichten; 10, Gosauschichten (Oberkreide); 11, Wettersteinkalk; 12, inneralpines Tertiär; 13, Quartär des Inntals; 14, Grauwackenzone.

Die Bildung der Alpen

(BERND LAMMERER)

Die Alpen sind durch Kollision der kleinen Adriaplatte (auch Apulia oder oft etwas nachlässig als »Afrika« bezeichnet, weil von dort abgespalten) mit der Europäischen Platte entstanden, wobei ein kleiner Ozean, der die beiden Platten getrennt hatte, der Penninische Ozean, fast komplett subduziert wurde, also in den Erdmantel zurückgesunken ist. Diese »Kollision« ist allerdings ein viele Millionen Jahre dauernder komplexer Vorgang, bei dem sich die meist mit einem Flachmeer bedeckten Kontinentalränder übereinandergeschoben und zu einem Gebirge gestapelt haben, weshalb man in den Gebirgen häufig Flachwassergesteine wie Kalk- oder Dolomitgesteine an der Oberfläche findet.

Am Bayerischen Alpenrand sind alle diese Bereiche auf engstem Raum als tektonische »Decken« übereinander- und zusammengeschoben und aufgeschlossen:

- Die helvetische Zone (etwa Hoher Ifen, Grünten oder die Kögel im Murnauer Moos) repräsentiert die abgeschürften Sedimente der Europäischen Platte.
- Die Flyschzone darüber (z. B. das Hörnle bei Bad Kohlgrub und viele der bewaldeten mittelhohen Berge am Alpenrand) setzt sich aus abgeschürften Tiefseesedimenten und gelegentlichen Schuppen von Basalt oder Serpentinit (nur im Allgäu und in der Schweiz) des Penninischen Ozeans zusammen.
- Die Kalkalpine Zone ist als Teil der Sedimentbedeckung der Adriaplatte über die Flyschzone und die Helvetische Zone geschoben, insgesamt eine Reise von einigen Hundert Kilometern!

Die gefaltete Molasse zeigt andererseits einen Teil der Dynamik der Alpenbildung, denn die Deckenüberschiebungen und die damit verbundene Faltung und Heraushebung gehen einher mit der gleichzeitigen Abtragung. Der Abtragungsschutt der Alpen wird im Vorland abgelagert und noch von den letzten Einengungsbewegungen erfasst, weshalb er am Alpenrand bereits gefaltet ist und noch stattliche Berge bilden kann (wie den fast 2000 m hohen Speer nördlich des Walensees in der Schweiz).

Der Zusammenschub eines Gebirges ist vergleichbar mit dem von Schnee vor einer Schneeschaufel. Es bildet sich ein Keil aus, der bei weiterem Zusammenschub zwar immer größer wird, aber in seiner Geometrie ähnlich bleibt: Der frontale Öffnungswinkel des Keils bleibt in etwa konstant. Weil bei einem Gebirge nicht von hinten geschoben, sondern von unten gezogen wird, ist ein Gebirge nach beiden Seiten keilförmig gebaut, hat aber eine Front (Frontkeil, in unserem Fall der bayerische Alpenrand) und eine Rückseite (Rückkeil, der Südrand der Alpen). Außerdem wirken jetzt Erosion und Tektonik zusammen: Wird durch Abtragung die Geometrie des Keils gestört, also der Keil zu flach, werden Störungen oder Falten im Keil aktiviert, bis die richtige Geometrie wiederhergestellt
12 ist. Die Stapelung der Decken ist am Alpenrand sehr gut zu sehen (s. Abb. 12, 13). Ebenso ist zu
13 erahnen und im Profil angedeutet, dass schon eine Menge Gestein wegerodiert wurde. Über dem Wamberger Sattel sind es etwa 5 Kilometer Gestein, die wegerodiert worden sind. Ein weiterer Effekt: Durch das Herausfräsen der Täler wird die gesamte Region zu leicht und die Berge erheben sich zu größeren Höhen. Ohne die Täler wären die Alpen eine nur etwa 1500 Meter hohe Ebene.

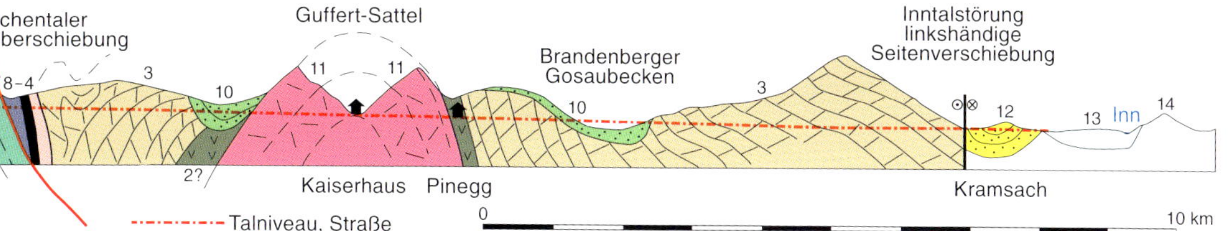

Schichtfolge im Bayerischen Alpenraum

Zum Abschluss der Einführung wird die Schichtfolge der Bayerischen Alpen zusammenfassend dargestellt.

Trias der Kalkalpen (Abb. 15) *15*

Im Gegensatz zur Germanischen Trias, die nördlich des Vindelizischen Landes entstanden ist (Buntsandstein, Muschelkalk und Keuper), haben die vorwiegend marinen Ablagerungen der Alpinen Trias südlich davon eine eigenständige Entwicklung. Sie werden in 6 Stufen eingeteilt: Skyth, Anis, Ladin, Karn, Nor und Rät. Heute wird jeweils noch die Silbe »ium« angehängt (z. B. Skythium). Die Tabelle 1 zeigt, dass von Westen nach Osten 3 verschiedene Fazies-Bereiche aufeinanderfolgen: die Bayerisch-Nordtiroler Fazies, die Berchtesgadener Fazies und die Hallstätter Fazies. Dabei werden fast die gesamten Bayerischen Kalkalpen von der Bayerisch-Nordtiroler Ausbildung (Fazies) geprägt. Erst südöstlich der Saalach folgen die Berchtesgadener Fazies und Reste der Hallstätter Fazies. Während in der Bayerischen Fazies der mächtige Hauptdolomit dominiert, im Süden an der Zugspitze und im Karwendel auch der ältere Wettersteinkalk, herrschen im Berchtesgadener Raum *14*
Ramsaudolomit und Dachsteinkalk vor; letzterer geht dann im salzburgischen Gebiet zum Teil in die Fazies der roten Hallstätter Kalke über.

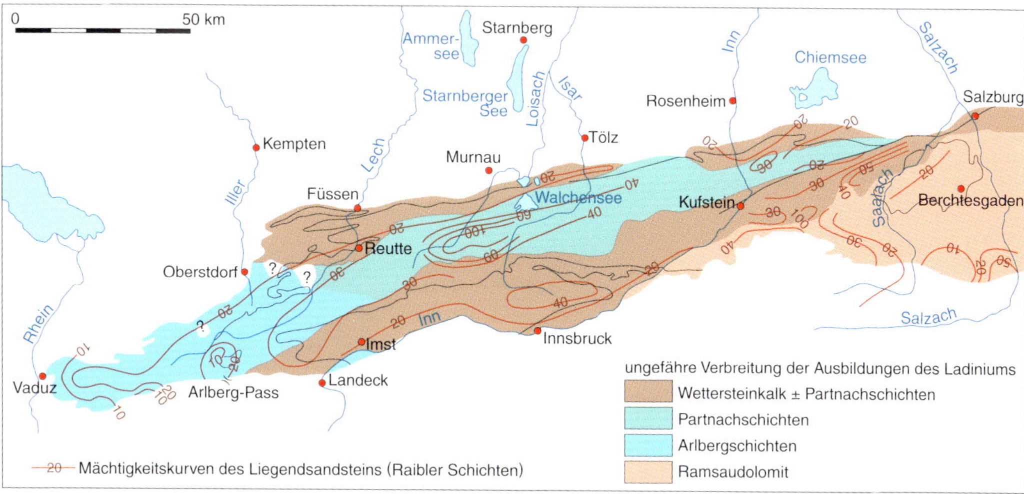

Abb. 14. Die massigen Riffe der Wettersteinkalk-Schichten sind am Nordrand (z. B. Benediktenwand) und insbesondere am Südrand der Kalkalpen verbreitet (Wettersteingebirge und Karwendel). Dazwischen dehnte sich das Mergelbecken der Partnachschichten aus. Beim Zusammenschub der Kalkalpen wurden die massigen Wettersteinkalkklötze herausgepresst und bilden heute das Hochgebirge. Im Osten wird der Wettersteinkalk durch den Ramsaudolomit ersetzt, der ebenfalls große Gebirgsstöcke bildet.

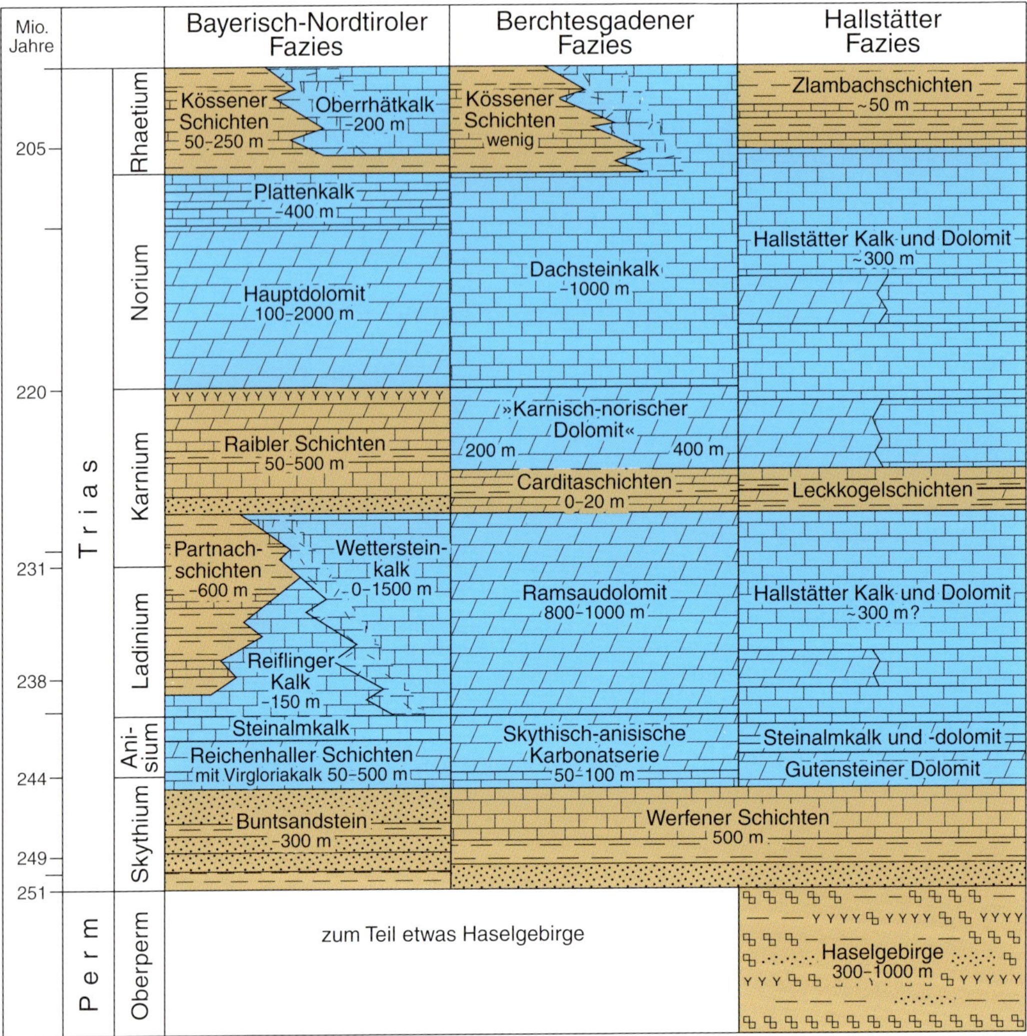

Abb. 15. Fazies-Schema der Trias der Nördlichen Kalkalpen. Mächtigkeiten ergänzt. – Aus BGLA; Geo Bavaria (2004), S. 65.

Die gesamte Schichtfolge der Kalkalpen beginnt im Osten bei Berchtesgaden schon im Perm mit den Salzablagerungen des Haselgebirges. Darüber folgen dort im Skythium die flachmarinen Werfener Schichten, dunkle Sandsteine, Mergel, z. T. auch Kalke. Im Westen, im bayerischen Raum, entstand zur gleichen Zeit noch der terrestrische Buntsandstein. Dann setzen die mächtigen hochmarinen Kalksteine ein. Sie beginnen im Anisium mit dunkelgrauen Dolomiten, dolomitischen Kalken und Rauwacken der Reichenhaller Schichten. Darüber folgen die ersten Plattform-Karbonate der Steinalmkalke und Reiflinger Kalke, die früher als alpiner Muschelkalk zusammengefasst wurden. Sie enthalten grünliche, vulkanische Schiefer-Einschaltungen (»Pietra verde«) und sind knollig gebankt. Über diesen meist noch geringmächtigen Kalksteinabfolgen setzen im Westen (am Nord- und insbesondere am Südrand) im Ladinium die bis 1500 Meter mächtigen Riff- und Lagunenkalke des Wettersteinkalks ein. Im Becken dazwischen entstanden die dunklen Mergelsteine der Partnachschichten. Im Berchtesgadener Raum fehlt das Partnach-Becken; aus Riffen entsteht bis 1000 Meter Ramsaudolomit. Während des Karniums kam es in den Raibler Schichten durch eingeschwemmte Tone und Sande zur Unterbrechung des Riffwachstums (Meeresspiegel-Senkung); stellenweise entstanden in Lagunen auch Dolomit und Gips (heute herausgelöst zu Rauwacken). Über dem Partnachmergel-Becken sind diese Raibler Schichten besonders mächtig (an der Bohrung Vorderriß 1 über 1000 m durch tektonische Verdopplung). Im Berchtesgadener Raum treten dagegen über den Riffen des Ramsaudolomits nur geringmächtige Carditaschichten auf. Im Norium setzen sich wieder Flachwasserkarbonate ab: Im Westen in einer riesigen, übersalzenen Lagune vor dem Europäischen Festland bis 2000 Meter Hauptdolomit. Oben geht dieser in den so genannten Plattenkalk über, einen eher dicker gebankten, z. T. dolomitischen, grauen Kalk. Zeitgleich entstand im Berchtesgadener Raum bis 1000 Meter Dachsteinkalk: z. T. als sehr dickbankiger Lagunenkalk wie am Watzmann, oder als massiger Riffkalk wie am Hohen Göll oder Hohen Brett.

In der obersten Trias starben die Riffe weithin ab und es bildeten sich die tonig-mergeligen Kössener Schichten. Nur auf Schwellen bestanden noch kleinere Riffe aus fossilreichen Oberrhätkalken (Blankenstein, Leonhardistein, Taubenstein, Brünnstein). Im Berchtesgadener Raum reicht der Dachsteinkalk bis an die Trias-Obergrenze.

Jura, Kreide und Alttertiär in den Kalkalpen (Abb. 16) *16*

Mit dem Beginn der Jurazeit zerbrach der stabile ostalpine Schelf. Bei ansteigendem Meeresspiegel entstanden rasch absinkende Becken und dazwischen blieben horstartige Schwellenregionen bestehen (Abb. 16). Dadurch sind die Jura-Ablagerungen sehr unterschiedlich und infolge Fazies-Übergängen und Schichtlücken nur schwer einzustufen. Eine exakte Gliederung wie im Germanischen Jura ist daher nicht immer möglich. Für die tieferen Becken ist die Graufazies typisch. Auf den Schwellen kam dagegen die geringmächtige Rotfazies mit vielen Schichtlücken zur Ablagerung. Der Unterjura (Lias) beginnt im Becken meist mit den tonig-mergeligen, grauen Allgäuschichten (Fleckenmergel); am Hang zu den Schwellen liegen knollige, kieselsäurereiche Kalksteine und Hornsteinkalke wie Kirchsteinkalk und Chiemgauer Schichten (Mitteljura = Dogger). Die organogene Kieselsäure stammt dabei von Kieselschwämmen oder Radiolarien. Im Übergang zum Oberjura (Malm) folgen im Becken dünnbankige rote, grüne und graue Radiolarite (kieselreiche Radiolarienkalke) und schließlich die Tiefwasserkalke der Aptychenschichten (Ammergauer Schichten) bzw. Oberalmer Schichten um Berchtesgaden. Im Berchtesgadener Raum glitten ab dem Mitteljura große Schollen von Hallstätter Kalken und Dachsteinkalken, eventuell auch Ramsaudolomit in die Becken ein (Beginn der Gebirgsbildung im Osten). Auch die Hauptdolomitschollen im Oberjura der Allgäu-Decke von Unterammergau und Ohlstadt können schon damals eingerutscht sein. Auf den Schwellen entstanden verschiedene bunte, vor allem rote, geringmächtige, fossilreiche Kalke mit zahlreichen Schichtlücken: z. B. der Hierlatz- und der Adneter Kalk im Lias, der Klauskalk im Dogger, der Steinmühlkalk sowie der Tegernseer und Ruhpoldinger Marmor im Malm. Im Malm von Berchtesgaden treten auch helle Korallen-Riffkalke auf (Plassenkalk).

Das auffälligste jurassische Gestein der Alpen ist der rote Knollenflaserkalk vom Typ Adnet oder der Tegernseer Marmor. Die Kalkknollen entstanden bei der Verfestigung des Kalkschlamms durch teilweise Lösung des Kalkes und Wiederausfällung in Knollenform. Die Kalke haben sich sehr langsam gebildet und sind infolge von Mangelsedimentation sehr fossilreich: z. B. Ammoniten (Ammonitico rosso) oder Crinoiden (Hierlatzkalk) oder Korallen. Die wunderbare Farbe und Struktur machen sie zu begehrten Naturwerksteinen. Erhalten haben sich diese vielfältigen Jura-Gesteine meist nur in tektonisch tiefer Lage (Mulden) am Alpenrand und in den großen Muldenzügen. Dasselbe gilt für die ebenfalls leicht erodierbaren Gesteine der Kreide und des Tertiärs.

Mit der Kreidezeit begannen dann bei uns die eigentlichen gebirgsbildenden Überschiebungen. Die Schwellen sanken nun ebenfalls ab. Zunächst setzen sich die Malm-Aptychenkalke unter Zunahme des Tongehaltes ohne Unterbrechung in die grüngrauen Neokom-Aptychenschichten fort (Schrambachschichten). In der höheren Unterkreide folgen darüber die graugrünen bis roten Schiefertone, Mergel und Feinsandsteine der Tannheimer Schichten; dann die sandig-kiesigen und blockführenden Losensteiner Schichten. Damit setzen die tektonischen Bewegungen ein. Von der jüngsten Unterkreide bis in die ältere Oberkreide wurde der Deckenbau der Kalkalpen angelegt. Dabei hoben sich die Kalkalpen schon teilweise über den Meeresspiegel und wurden abgetragen. Nur im nördlichen

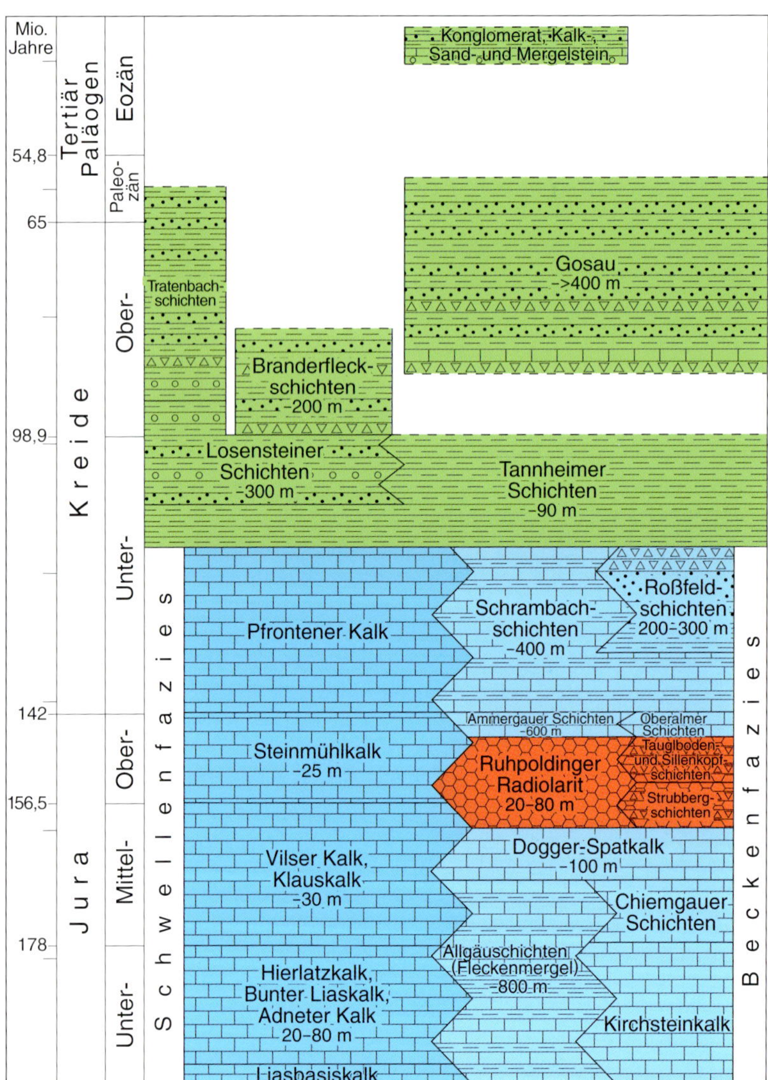

Abb. 16. Fazies-Schema des Juras, der Kreide und des Alttertiärs. Mächtigkeiten ergänzt: im Becken bis 2 Kilometer, auf den Schwellen bis 150 Meter. – Aus BGLA; Geo Bavaria (2004), S. 68.

Teil der Kalkalpen hielt die lückenhafte Sedimentation bis in die jüngste Oberkreide an (Tratenbachschichten). Weiter südlich im Bereich der Lechtal- bis Tirolischen Decken greifen die ebenfalls synorogenen Gosau-Sedimente (Coniacium–Paleozän, nach RISCH 1988 schon ab dem Turonium) diskordant über ältere Schichten hinweg. Es sind festländische bis marine, grobkörnige Gesteine. Sie sind nur noch in kleinen Erosionsresten zwischen Oberaudorf und Reichenhall erhalten, waren ursprünglich aber weiter verbreitet. Nur im Reichenhaller Raum lassen sich an der Basis auch Riff- und Riffschuttkalke nachweisen (Rudisten-Riffe; Untersberger Marmor). Darüber folgen dort bis ins Paleozän Mergel, die im zunehmend tieferen Wasser entstanden (Nierentaler Schichten).

Zum letzten Mal stieß das Meer im jüngeren Alttertiär in Täler der langsam aufsteigenden Alpen vor. Reste dieser inneralpinen Molasse gibt es bei Oberaudorf und Reit im Winkl. Die Augenstein-Schotter auf den Hochflächen der Berchtesgadener Alpen sind im Oligozän von Flüssen aus den Zentralalpen geschüttet worden, als dieser östliche Alpenteil noch kaum gehoben war.

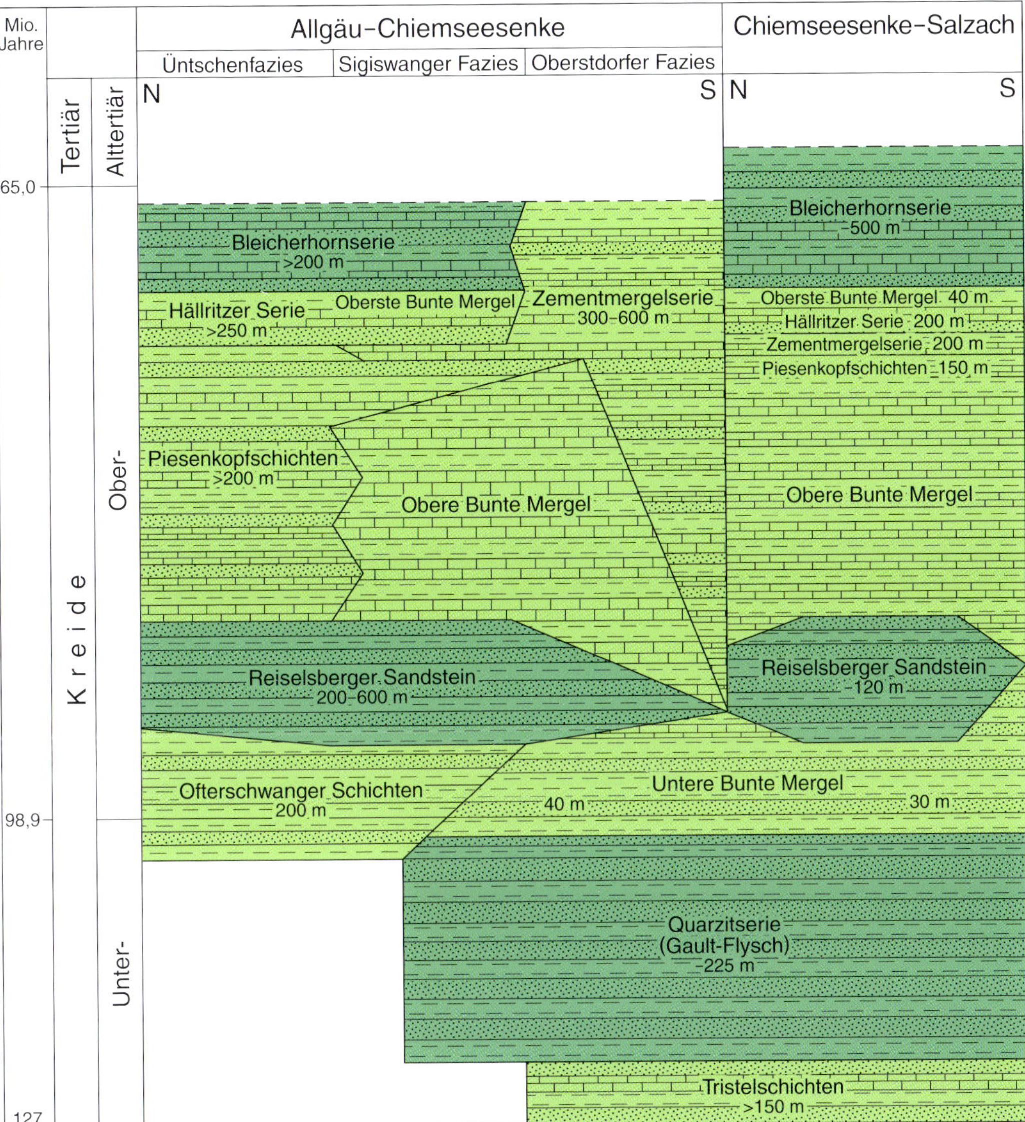

Abb. 17. Fazies-Schema des Flyschs. Mächtigkeiten ergänzt. – Aus BGLA; Geo Bavaria (2004), S. 70.

Flysch und Helvetikum am Alpennordrand (Abb. 17, 18) 17

Unsere Flyschablagerungen gehören weitgehend zum rhenodanubischen Flysch. Es sind Sedimente 18
der Kreidezeit, die als Suspensionsströme in den Penninischen Tiefseetrog abflossen. Charakteristisch sind graue Kalk-Mergel-Wechselfolgen mit gradierten Sandanteilen, z. T. schalten sich bunte, mergelige Tonsteine ein (Buntmergelserie), aber auch gröbere Sandsteine (Quarzitserie, Reiselsberger Sandstein, Bleicherhornserie). Auf dem Europäischen Schelf, der sich nördlich an das Flyschbecken anschloss, entstanden die bei uns geringmächtigen Sedimente des Helvetikums. Es sind kreidezeitliche bis alttertiäre Kalke, Mergel und Glaukonitsandsteine. Die küstennahen Schichten des Alttertiärs sind teilweise sehr fossilreich (z. B. Nummulitenschichten von Adelholzen) oder enthalten Eisenerze (Kressenberger Schichten). Trotz geringer Verbreitung sind die vielfältigen Gesteine früher stark

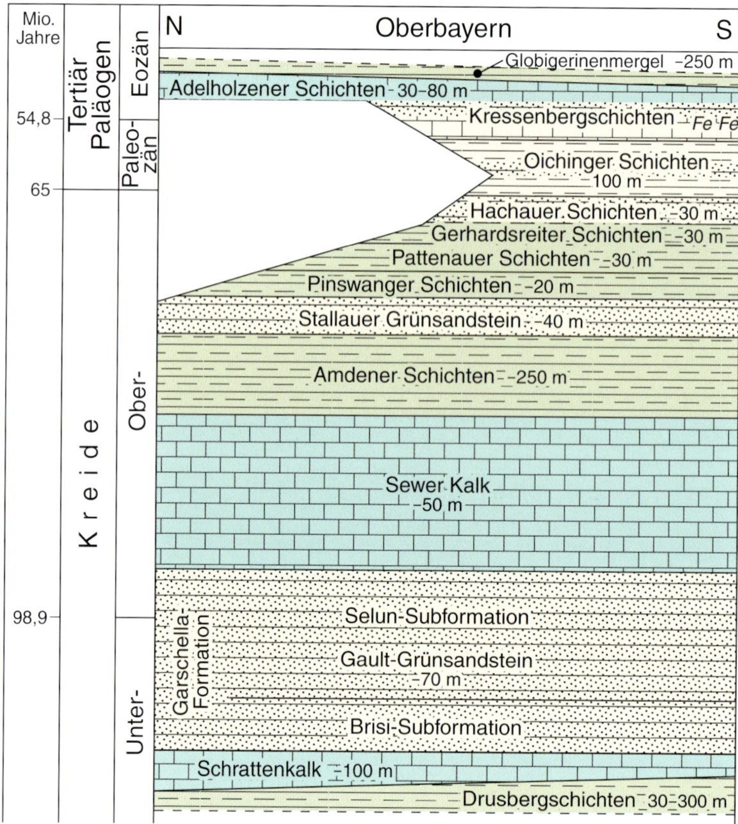

Abb. 18. Fazies-Schema des Helvetikums. Mächtigkeiten ergänzt. – Aus BGLA; Geo Bavaria (2004), S. 72.

genutzt worden. Neben den oben genannten Eisenerzen wurden z. B. Mühlsteine bei Neubeuern gewonnen oder Nummulitenkalke bei Bad Heilbrunn (Enzenauer Marmor). Bedeutung hatten auch die harten Glaukonit-Sandsteine vom Murnauer Moos (Brisi-Formation). Abgebaut werden nur noch die Stockletten (Globigerinenmergel) des jüngsten Alttertiärs im Zementwerk von Rohrdorf östlich von Rosenheim.

Faltenmolasse und Vorlandmolasse (Abb. 19)

Die Molasse-Sedimente sind der Schutt der südlich davon aufsteigenden Alpen. Der Südrand dieses Molassebeckens liegt heute weit unter den Kalkalpen und ist im Detail unbekannt. In der Faltenmolasse bekommen wir nur einen kleinen Einblick in den aufgeschobenen Teil der ursprünglich weiter südlich gelegenen Molasse-Sedimente. Sie beginnen mit flyschartigen Tiefwasser-Sedimenten (Deutenhausener Schichten). Auch die Rupelium-Tonmergel sind noch im tiefen Trog entstanden (Untere Meeresmolasse). Ab dem höheren Rupelium beginnen von Westen infolge Hebung die Sandschüttungen der Unteren Süßwassermolasse. Diese Flusssande verzahnen sich im Raum südlich von München mit den marinen Mergeln des östlichen Molassebeckens. Im brackischen Übergangsbereich entstanden die kohlehaltigen Cyrenenschichten aus ehemaligen Sumpfwäldern (Lemcke 1988). An der Grenze Chattium/Aquitanium bzw. Unter-/Ober-Egerium stieß das Meer nochmals bis westlich von Schongau vor und hinterließ dort z. B. die Peitinger Kohlen zwischen der älteren und jüngeren Unteren Süßwassermolasse (Bunte Molasse). Nach Meeresspiegelsenkung und Schichtlücke im Eggenburgium folgen im Ottnangium die marinen Sandmergel der Oberen Meeresmolasse, die nochmals das gesamte Molassebecken erfassen. Sie sind nur in der Vorlandmolasse erhalten. Zum

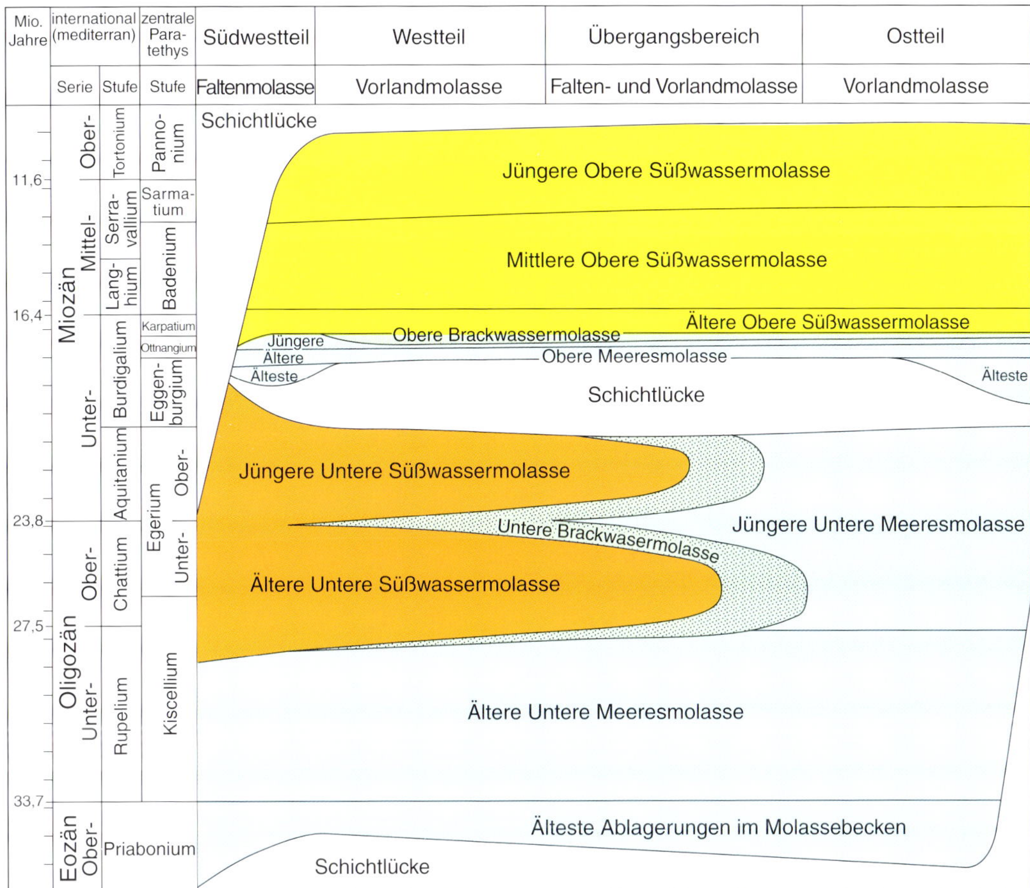

Abb. 19. Fazies-Schema der Molasse. – Aus BGLA; Geo Bavaria (2004), S. 54.

Schluss füllen Sande und mergelige Tone von Ur-Enns und Ur-Salzach (Obere Süßwassermolasse) das Vorlandsbecken vollkommen auf. Am Alpenrand schütten kleinere Flüsse gröbere Schuttfächer ins Vorland. Sie trotzten der Erosion bei der Heraushebung und bilden heute markante Berge im Alpenvorland: z.B. Auerberg, Peißenberg, Tischberg, Taubenberg und Irschenberg.

Literatur

Bayerisches Geologisches Landesamt (1996): Geologische Karte von Bayern 1:500000 mit Erläuterungen. – 4. Aufl., 329 S.; München.

– (1998): Geologische Karte von Bayern 1:25000, Nationalpark Berchtesgaden. – München.

– (2004): Geo Bavaria, 600 Millionen Jahre Bayern. – 92 S.; München.

Bayerisches Landesamt für Umwelt (2008): Geotope im Oberbayern. – Erdwiss. Beiträge zum Naturschutz, 6, 192 S.; München.

– (2009): Geotope in Schwaben. – Erdwiss. Beiträge zum Naturschutz, 7, 160 S.; Augsburg.

Bachmann, G. H. & M. Müller (1992): Sedimentary and structural evolution of the German Molasse Bassin. – Eclogae Geologicae Helvetiae, 85: 519–530; Basel.

Bögel, H. & K. Schmidt (1976): Kleine Geologie der Ostalpen. – 231 S.; Thun (Ott).

Brandner, R. (2014): Spuren von Stein und Eis. – In: Sonntag, H. & F. Straubinger: Großer Ahornboden – Eine Landschaft erzählt ihre Geschichte; 152 S.; Wattens (Berenkamp).

CARENA, S., A. FRIEDRICH & B. LAMMERER (eds.) (2011): Geological Field Trips in Central Western Europe. – Geol. Society of America, Field Guide 22; Boulder, Colorado.

DARGA, R. (2016): Erdgeschichte Südostbayerns; Naturkunde-Museum Siegsdorf. – München (Pfeil).

EISBACHER, G. & R. BRANDNER (1996): Superposed fold-thrust-structures and high-angle faults, northwestern Calcareous Alps, Austria. – Eclogae Geologicae Helvetiae 89 (1): 553–571; Basel.

ESTERBAUER-VERLAG (2015): Bodensee-Königssee-Radweg. – bikeline Radtourenbuch, 140 S.; Rodingersdorf (Esterbauer).

FRISCH, W., J. KUHLEMANN, I. DUNKL & A. BRÜGEL (1998): Palinspastic reconstruction and topographic evolution of the Eastern Alps during late Tertiary tectonic extrusion. – Tectonophysics, 297: 1–15.

GEOLOGISCHE BUNDESANSTALT WIEN (2002 und 2013): Rocky Austria. – 80 S.; Wien.

GWINNER, M. P. (1971): Geologie der Alpen. – 477 S.; Stuttgart (Schweizerbart).

HESSE, R. (2011): Rhenodanubian Flyschzone, Bavarian Alps: Geological Field Trips in Central Western Europe. – Geol. Society of America, Field Guide 22: 51–74; Boulder, Colorado.

KMENT, K. (2004): Von Bad Tölz zur Isarquelle. – Wanderungen in die Erdgeschichte, Bd. 16; München (Pfeil).

LAMMERER, B., H. ORTNER & A. HEYNG (2011a): Field Trip to the Northern Alps between Munich and the Inn Valley. – Geol. Society of America, Field Guide 22: 75–100; Boulder, Colorado.

LAMMERER, B., J. SELVERSTONE & G. FRANZ (2011b): Field Trip to the Tauern Window. – Geol. Society of America, Field Guide 22: 101–120; Boulder, Colorado.

LEMCKE, K. (1988): Geologie von Bayern 1. Teil: Das Bayerische Alpen-Vorland vor der Eiszeit. – Stuttgart (Schweizerbart).

MANDL, G. W. (2000): The alpine sector of the Tethyan shelf – Examples of Triassic to Jurassic sedimentation and deformation from the Northern Calcareous Alps. – Mitt. Österr. Geol. Ges. 92 (1999): 61–78; Wien.

MISSONI, S. & H. GAWLICK (2011): Jurassic mountain building and Mesozoic-Cenozoic Geodynamik Evolution of the Northern Calcareous Alps as proven in the Berchtesgadener Alps. – Facies 57: 137–180; Berlin (Springer).

ORTNER, H., et al. (2014): Geometry, amount and sequence of thrusting in the Subalpine Molasse of Western Austria and Southern Germany, European Alps. – Tectonics 34 (AGU Publications): 1–30; American Geophysical Union.

PILLER, W. & M. RASSER (eds.) (2001): Paleogene of the Eastern Alps. – Österr. Akad. Wiss., Schriftenr. Erdwiss. Komm., 14: 1–200; Wien.

PFIFFNER, A. O. (2009): Geologie der Alpen. – 359 S.; Bern (Hauptverl.).

SCHOLZ, H. (2015): Bau und Werden der Allgäuer Landschaft. – Stuttgart (Schweizerbart).

SCHWERD, K., K. DOBEN & H. RISCH (1996): Gesteinsfolge der Alpen. – Erl. z. GÜK 500 von Bayern, S. 188–235; München (Bayerisches Geologisches Landesamt).

SCHWERD, K., G. DOPPLER & H. J. UNGER (1996): Molasse. – Erl. z. GÜK 500 von Bayern, S. 141–187; München (Bayerisches Geologisches Landesamt).

TOLLMANN, A. (1973–1976): Monographie der Nördlichen Kalkalpen. – Analyse des Klassischen Nordalpinen Mesozoikums; (1976); Wien (Deutike).

– (1981): Oberjurassische Gleittektonik. – Mitt. Österr. geol. Ges. 74/75: 167–195; Wien.

WELLNHOFER, P. (1983): In PLESSEN, M.-L. v. (Hrsg.): Die Isar: ein Lebenslauf. – Ausstellung im Münchner Stadtmuseum vom 5. Mai bis 25. September 1983; 373 S.; München (Hugendubel)

Exkursionen

Wir beginnen unsere Exkursion in Füssen und folgen in etwa dem Bodensee-Königssee-Radweg. Von diesem Weg aus kann die morphologische Formung des Alpenrandes in Abhängigkeit vom Gesteinsuntergrund in großen Zügen gut beobachtet werden. Da der Weg jedoch meist nur am Fuß der Alpen, entlang der bewaldeten Flyschvorberge verläuft, sieht man höchstens diese eintönigen Gesteine und dies wegen Aufschlussmangels nur selten. Um insbesondere die interessanten Gesteine der Kalkalpen zu sehen, müssen wir immer wieder Abstecher ins Gebirge nach Süden machen. Dies ist südlich von Füssen besonders gut möglich. Die Aufschlüsse der Faltenmolasse liegen dagegen nördlich des Weges in tiefen Flusseinschnitten, z. B. der Ammer oder der Leitzach.

A Von Füssen bis Oberammergau entlang des Ammergebirges

Die 700-jährige Stadt Füssen liegt direkt am Kalkalpen-Nordrand an der alten, schon von den Römern genutzten Handelsstraße von Italien über den Reschen- und Fernpass nach Augsburg (Via Claudia Augusta, Römerkastell »Foetibus«). Das Lechtal bot hier einen geeigneten Durchbruch durch die nördliche Kalkalpen-Kette (Zacher 1964).

Wir starten am Marktplatz in Füssen und fahren über den schon aus Hauptdolomit bestehenden
Schlossberg hinunter, an der Basilika Sankt Mang vorbei zur Lechbrücke. Von dort geht es dann *A1*
auf der Hauptstraße über den »Lechwerken« (ehemalige Textilwerke) hinauf zum Aussichtspunkt
Lechfall (Geotop Nr. 777 R016, 1). Der Lech hat sich seit der Eiszeit vor über 12 000 Jahren schon *A4*
tief in den Wettersteinkalk (wk) und -dolomit (wd) des Falkenstein-Zuges eingeschnitten, bildet *A5*
aber immer noch einen 12 Meter hohen, heute betonierten Wasserfall oberhalb der kurzen, durch rückschreitende Erosion entstandenen Klamm. Nach dem Abschmelzen des Lechgletschers hatte

A1. Füssen über dem Lech. Links das ehemalige Kloster und die Basilika St. Mang.

Roßhaupten
Rieden am Forggensee
Hopferau
Füssen
Schwangau
Halblech
Prem
Forggensee
Hopfensee
Bannwaldsee
Alpsee
Weißensee
Ammergau
Königsstraße
Deutsche Alpenstraße
Romantische Straße
NSG

Ausschnitt aus der topografischen Karte 1:100 000, verkleinert auf 1:150 000, mit eingetragener Exkursionsroute (auf dem Bodensee-Königssee-Radweg [BKR]; abseits des BKR; restlicher Verlauf des BKR von Füssen bis Berchtesgaden) und Besichtigungspunkten (Auswahl). Grundlage: DTK 100; Bayerische Vermessungsverwaltung; Nr. 833/17.

0 5 km

Ausschnitt aus der geologischen Übersichtskarte 1:200 000, BGR Hannover, Blatt CC 8726 Kempten, vergrößert auf 1:150 000, mit eingetragener Exkursionsroute (auf dem Bodensee-Königssee-Radweg [BKR]; abseits des BKR; restlicher Verlauf des BKR von Füssen bis Berchtesgaden) und Besichtigungspunkten (Auswahl). Legende Seite 142.

0 5 km

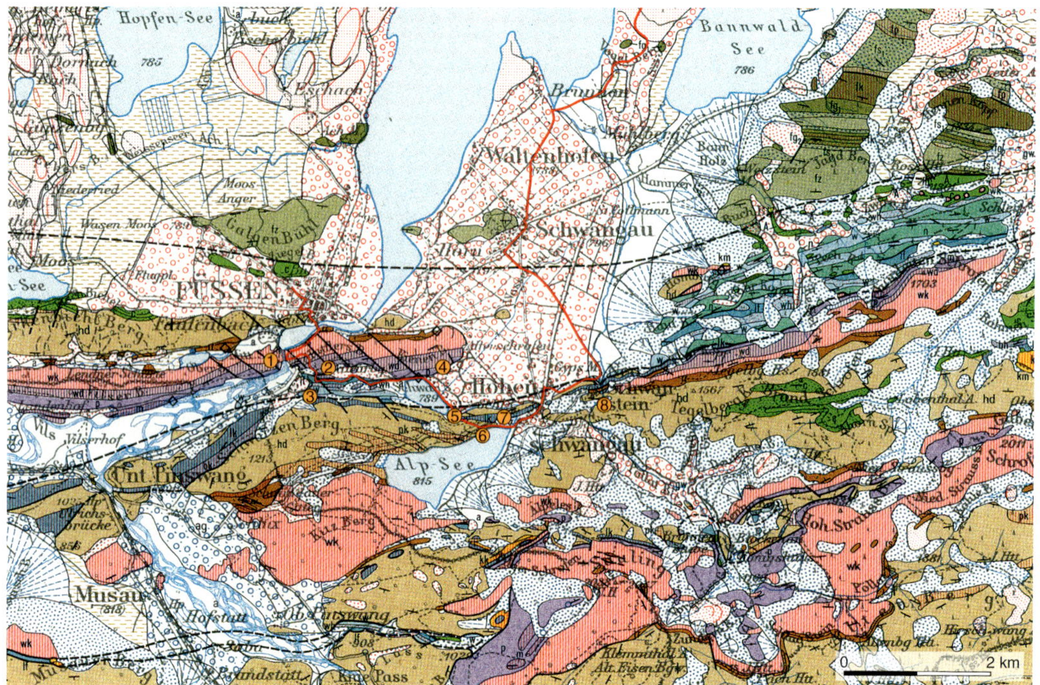

A2. Ausschnitt aus der GÜK 100 Bl. 662 Füssen. Siehe auch HAAS *2002,* ZACHER *&* HAAS *2010. Quelle: Bayerisches Landesamt für Umwelt.*

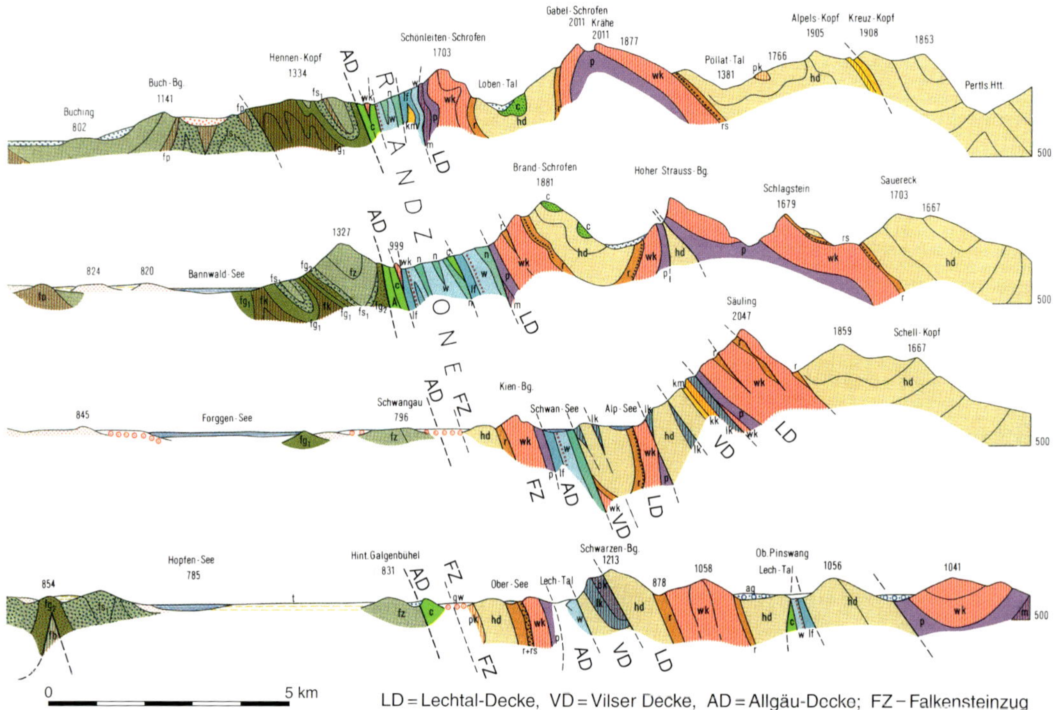

A3. Profile aus der GÜK 100 Füssen. Siehe auch HAAS *2002. Quelle: Bayerisches Landesamt für Umwelt.*

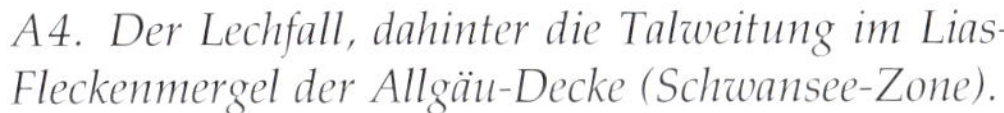

A4. Der Lechfall, dahinter die Talweitung im Lias-Fleckenmergel der Allgäu-Decke (Schwansee-Zone).

A5. Die Lechschlucht im Wettersteinkalk des Falkensteinzuges.

sich im oberen Lech- und Vilstal ein großer Stausee gebildet, dessen Seespiegel nach KLEBELSBERG (1913) 70–90 Meter über dem heutigen Lech gelegen haben soll. Der Überlauf dieses Sees stürzte damals über 100 Meter in die Tiefe und ergoss sich in den großen Füssener See. Seitdem hat sich der Lech langsam in diese Felsbarriere eingeschnitten und den Pfrontener See darüber unter Aufschotterung ausgetrocknet. Die Aufschotterung vor der Felsbarriere hat die weitere Eintiefung des Lechs verhindert. Der Füssener See unterhalb wurde auch aufgefüllt, der heutige künstlich aufgestaute Forggensee gibt noch einen kleinen Eindruck der ehemals ausgedehnten Seenplatte.

Vom Lechfall aus folgen wir der Forststraße (Königsstraße) am Südhang des Kalvarienberges nach Osten. Der Anstieg hinter dem Gasthaus zum Lechfall besteht hauptsächlich aus hellem, glatt verwittertem Wettersteinkalk, der an der Südkurve beim Pavillon von splittrig verwittertem, grauem Wettersteindolomit abgelöst wird, der auch schon direkt hinter und südlich des Gasthauses ansteht. Am Pavillon bietet sich ein schöner Blick in die Weitung des Lechtals südlich des Wasserfalls. 100 Meter östlich der ersten Forstweg-Abzweigung wurden die steil nach Süden einfallenden, überkippten grauen Partnachkalkbänke (p) abgebaut (2). Sie sind an senkrechten Nordwest-Südost *A6*
verlaufenden Störungen mit Horizontalharnischen z. T. etwas versetzt. Unmittelbar südlich davon folgen darunter die weichen Lias-Fleckenmergel (lf) und dann an der Abzweigung der Königsstraße Dogger-Spatkalke und roter Malm-Radiolarit (am Märchenweg), am Königsweg abwärts auch graue *A7*
Lias-Fleckenkalke (3). *A8* *A9*

Wir sind damit aus den Trias-Kalken des Falkensteinzuges in die leichter abzutragenden Jura-Gesteine der Schwansee-Senke eingetreten. Südlich der Senke steigt der Hauptdolomit am Schwarzenberg wieder steil an. Die jungen Jura-Schichten (w) der Schwansee-Zone zwischen den älteren Trias-Kalken

A7. Radiolarit und Kieselkalk (3).

A8. Doggerspatkalk.

A9. Malm-Aptychenkalk mit dunklen Hornsteinlagen und hellen Kalzitadern (w in A3).

A6. Partnachkalke am Kalvarienberg, steilstehend überkippt, links Horizontalharnisch an einer Nordwest-Südost-Störung (junge Bewegungen) (2).

und -Dolomiten im Norden und Süden wurden schon von KOCKEL et al. (1931) als Fenster der Allgäu-Decke gedeutet (Vilstal-Fenster). Der Falkensteinzug ist dann ein Deckenrest der südlich anschließenden Lechtal-Decke. Die Deckenbahnen sind offensichtlich nachträglich stark verbogen und verschuppt. Dabei hat sich die Schubrichtung von Nordwesten nach Norden gedreht.

Wir folgen nun der Königstraße zum Schwan- *A10*
see hinab. Nordöstlich des Schwansees sind in den alten Steinbrüchen an der Südseite des Kienberges wieder überkippte Partnachkalke und -mergel des Falkensteinzugs erschlossen (Königsbrüche für den Bau von Neuschwanstein; (4)). Südöstlich vom Schwansee folgen am Weg nach Hohenschwangau wieder steil nach Süden einfallender Hauptdolomit (hd) und diskordant übergreifende Bunte Liaskalke (lk) der Vilser Decke (ehemalige Stirn der Lechtal-Decke) (5). Letztere sind besonders schön am Fischersteig

A10. Schwansee-Senke im Bereich der Allgäu-Decke.

A11. Blick vom Pindar-Platz über den Alpsee zum Schloss Neuschwanstein und zum Tegelberg.

A12. Blick über den Alpsee nach Westen in die Pfrontener Berge.

A13. Schloss Hohenschwangau auf Buntem Liaskalk.

A14. Bunter Liaskalk (lk) mit hellen Kalzitadern.

nach Hohenschwangau zu sehen. Der Anstieg, den man am besten schiebend überwindet, beginnt am südöstlichen Ende des Schwansees (Quellaustritte). Linker Hand der Spitzkehren bilden die Bunten Liaskalke eine glatte Störungswand, der Weg selbst verläuft im Hauptdolomit der Lechtal-Decke. Oben angekommen, kann man nach Norden am Berzenkopfweg auf 50 Metern die steilstehenden Bunten Liaskalke bis zum anschließenden Hauptdolomit der Vilser Decke abschreiten.

Wir wenden uns nach Osten zur Fürstenstraße, wo unmittelbar südlich der Einmündung der wunderbare Aussichtsplatz (Pindar-Platz) auf den Alpsee auf uns wartet A11
(6). Der Alpsee wird im Norden von Hauptdolomit, im Süden von Wettersteinkalk des Kitzberg-Sattels umrahmt. Die weichen Raibler Schichten (r) dazwischen können teilweise für seine glaziale Ausräumung verantwortlich sein. Bei der Abfahrt sind kurz vor der Einmündung der Schlossstraße nochmals die massigen, roten Lias-Kalk-Felsen (7) der Vilser Decke zu sehen, unterhalb folgt wie-

A15. Pöllatschlucht in massigem Bunten Liaskalk (lk).

A16. Pöllat-Wasserfall über steilstehendem Hauptdolomit (hd), darüber die Marienbrücke.

der der feinstückige Hauptdolomit der Lechtal-Decke. Vom meist überfüllten Großparkplatz blickt man hinauf zum freundlichen, hellgelben Schloss Hohenschwangau, das auf massigen, *A13* hellen Lias-Kalken thront. Gegenüber erhebt sich das Schloss Neuschwanstein auf dunklem Hauptdolomit. Wer es besichtigen will, kann zu Fuß eine Rundwanderung über das Schloss mit anschließendem Abstieg in die Pöllatschlucht machen. Dafür sind mehrere Stunden einzuplanen (oft lange Wartezeiten). Wer das Schloss nicht besichtigen will, fährt besser rund 1 Kilometer mit dem Fahrrad zum Ausgang der Pöllatschlucht.

An der alten, verfallenen Gipsmühle stellen wir *A19* das Fahrrad ab und steigen dann die wunderbare Schlucht hinauf (8). Der Gips wurde früher vor *A15* allem an der oberen Pöllat nordwestlich der Bleckenau aus den Raibler Gipsmergeln gewonnen. Die ersten Felsen rechts vor dem Wasserkanal zeigen zerscherte Aptychenschichten. Nach einem schmalen Band Hauptdolomit folgt der engste Schluchtabschnitt in steilstehenden, glatten, massigen Bunten Liaskalken, die östlich des Baches an einer Querstörung nach Norden vorspringen. Die Talweitung oberhalb liegt in Raibler Gipsmergeln (steil nach Süden einfallend; r) mit Dolomiteinschaltung vom Schlossberg her und schließlich folgt die steil aufgerichtete Hauptdolomitwand mit Wasserfall. Von hier aus lohnt sich ein Aufstieg *A16* zur Marienbrücke mit wunderbarer Aussicht auf die Füssener Bucht. *A18*

Wer mehr Zeit hat, kann auch von der Marienbrücke aus in 2,5 Stunden zum Tegelberg aufsteigen. Dabei wird die Aussicht immer umfassender. Südöstlich vom Tegelberghaus stehen im großen Muldenzug über dem Hauptdolomit noch die kreidezeitlichen Mergel der Branderfleckschichten (krc) an. Ihre Basis-Brekzien sind Zeugen der beginnenden Deckenüberschiebungen in der tieferen Oberkreide. Vom Tegelberghaus (1707 m) schweben wir mit der Seilbahn über die flacheren Raibler Mergel und die steilen Wettersteinkalk-Abstürze (wk) des Thorkopfes (1525 m) hinunter ins Tal. Beim rund 1,5 Kilometer langen Rückmarsch zu unserem Fahrrad beobachten wir, wie sich über den steilen weißen Wettersteinkalk-Wänden hinter der von der Pöllat heraufziehenden schmalen Raibler-Mergel-Zone der bräunliche Hauptdolomitzug des Tegelbergkopfes erhebt. Diese Beobach- *A21* tungen können wir auch auf unserer weiteren Flachland-Radtour in Richtung Schwangau machen.

Südlich von Neuschwanstein steigt über dem dunklen Hauptdolomit eine noch viel steilere und höhere, weiße Kalkwand zum Säuling (2047 m) empor. Hier wölbt sich der Wettersteinkalk am Bennakopf-Sattel nochmals steil heraus. Die heutigen Bergformen sind erst lange nach der unterirdischen Faltung im Zuge der tertiären Gesamthebung und auch quartären Abtragung entstanden. Dabei wurden zum Beispiel die härteren Wettersteinkalke als steile Felswände herauspräpariert, insbesondere in höheren Lagen.

A17. Ausblick vom Weg zur Marienbrücke über den Alpsee und den Schwarzenberg zum Falkensteinzug (rechts). Im Hintergrund die Pfrontener Berge.

A18. Ausblick von der Marienbrücke auf Schloss Neuschwanstein und zum Forggensee.

A19. Wetzstein- und Gips-Mühle vor der Pöllatschlucht, im Hintergrund Felsrippe aus Bunten Liaskalken, dahinter Hauptdolomit.
◁

Bei unserer Fahrt über die spätglazialen Schotter des Füssener Gletscherbeckens sehen wir
nördlich vom Tegelberg noch die Dolomit- und
Kalkfelsen des Hornburgberges (1164 m) he- A21
rausragen. Sie sind der östlichste Deckenrest
des Falkensteinzuges, der auf den weicheren
Jura-Schichten der Allgäu-Decke erhalten ge-
blieben ist. Nur wenig nördlich davon beginnen
die felsfreien, bewaldeten Flyschberge, die
auch den Hügel in Schwangau aufbauen. Wir
folgen nun dem König-Ludwig-Radweg am
Forggensee entlang nach Norden und durchfahren die eiszeitliche Drumlin-Landschaft von
Hegratsried mit wunderbarem Blick über den
Bannwaldsee und seine Moore. 200 Meter vor
der Hauptstraße können wir in einem Graben
östlich des Weges (westlich vom Pfefferbichl) A20
die 120 000 Jahre alte schwarze Schieferkohle
der letzten Warmzeit unter Würm-Moränen
sehen ((9)). Sie ist nur 0,6 Meter mächtig und
vom Bach meist freigespült. Die torfartigen
Schieferkohlen (bis 4 m) wurden bis Ende der
1960er Jahre sogar untertägig abgebaut.

Die Straße in Richtung Roßhaupten überquert
die ost-west gerichteten Faltenmolasse-Züge
und bietet die schönsten Ausblicke über den A23
Forggensee zu den Füssener Bergen. Die rötlichen Sandsteine der Unteren Süßwassermolasse (Weißachschichten) sind im Durchbruch
des Halblechtales durch den Südflügel der
Murnauer Mulde bei Zwingen zu sehen ((10)).

A20. Dunkle Schieferkohle im Riß/Würm-Interglazial, darüber Würmmoräne, westlich vom Pfefferbichl ((9)).

A21. Panorama von der Hornburg (links) über den Tegelbergkopf und Neuschwanstein, rechts der Säuling.

A22. Blick über den Forggensee zu den Pfrontener Bergen.

A23. Blick über den Forggensee zum Säuling.

Dazu muss man von Thal aus den Häringer Rücken überqueren und auf der Straße in Richtung
Halblech zurückfahren. Bequemer ist es, von Thal aus direkt nach Osten zum wieder zum Wild-
fluss renaturierten Halblech und an ihm entlang bis zum Ort Halblech zu fahren. Südlich des Ortes
bietet die Halblechschlucht einmalige Aufschlüsse im Flysch entlang der Forststraße in Richtung A26
Kenzenhütte (11: zunächst am Beginn dickere Zyklen aus gröberen Sandsteinen und wenigen Kalk- A27
mergeln (Hällritzer Serie), dann die Piesenkopfschichten mit dünnplattigen Kalken im vielfachen
Wechsel mit Tonmergel-Zwischenlagen. Letztere sind am schönsten rund 8 Kilometer taleinwärts
im Röthenbachtal erschlossen (Geotop Nr. 777 A017; (12)). Wer möchte, kann von dort direkt über
ansteigende Forststraßen durch die einsamen Flyschberge nach Unternogg fahren (ca. 20 km).

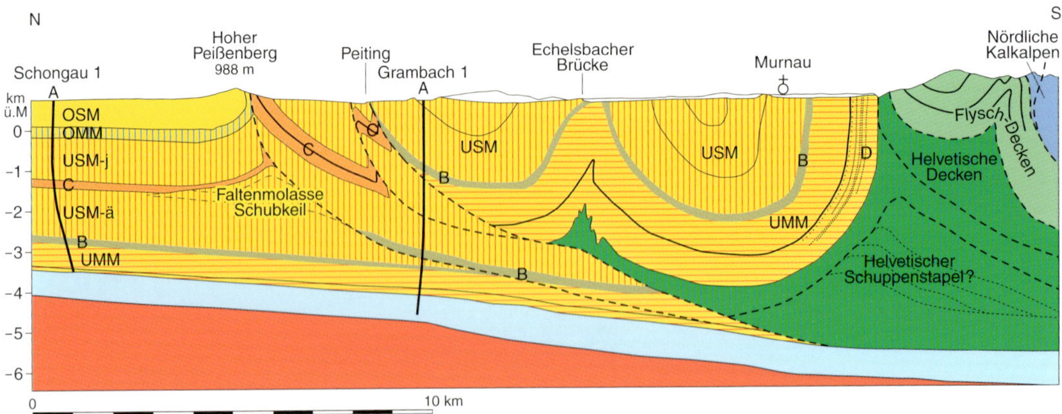

A24. Querschnitt von Schongau bis zu den nördlichen Kalkalpen. B, Bausteinschichten; C, Cyrenenschichten mit Kohleflözen; D, Deutenhausener Schichten. – Aus LAMMERER *et al. (2011a).*

Von Halblech aus bleiben wir endlich einmal auf unserem Bodensee-Königssee-Radweg. Östlich von Trauchgau geht es vorbei an großen Kiesgruben im Grießbühl (postglaziale Schotter) und wunderschönen Hoch- und Niedermooren (Filze und Moose) an der Trauchgauer Ach. Dann geht es hinauf auf den Molasse-Rücken von Schober und weiter auf der Königsstraße durch eine der einsamsten Voralpenlandschaften nach Osten, immer unmittelbar zu Füßen der Flysch-Berge (Hoher Trauchberg). An der Abzweigung nach Resle bietet sich der Abstecher zum Wunder der Wieskirche (Weltkulturerbe) an. Dort sind die Molasseberge weithin von Moränenhügeln bedeckt, mit großen Hochmooren dazwischen (z. B. NSG Schwefelfilz oder Kraperfilz). Von der Wieskirche kann man über Schildschwaig wieder zur Königstraße zurückkommen. Die direkte Strecke führt schon ab der Abzweigung zur Wieskirche in einer Vorgebirgssenke im Bereich der Rupelium-Tonmergel bzw. Deutenhausener

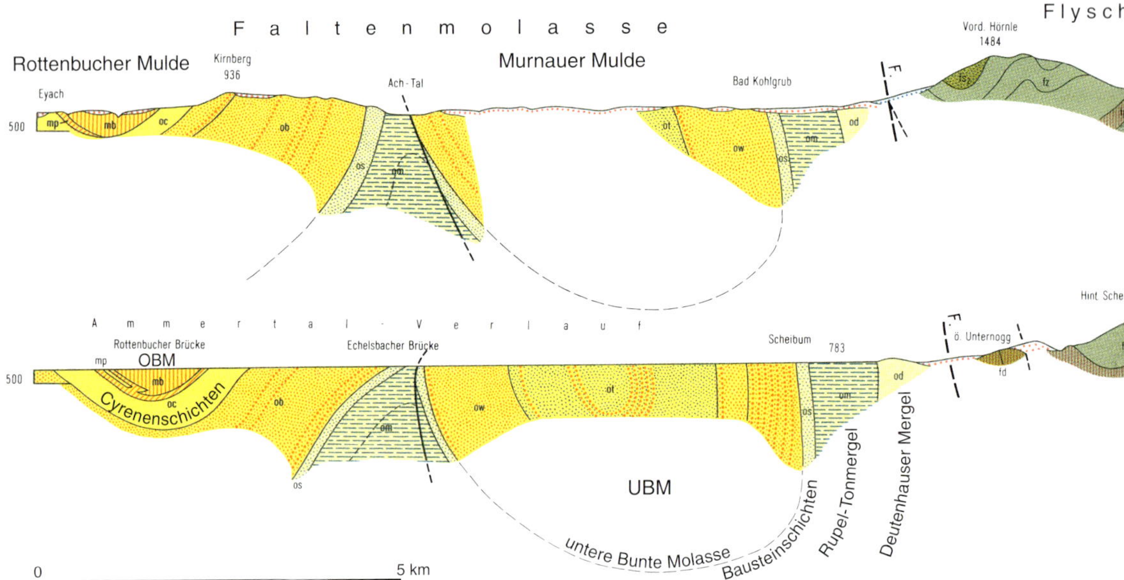

A25. Profile entlang der Ammer (unten) und bei Bad Kohlgrub (oben) durch die Faltenmolasse und über die Flyschberge zu den kompliziert gebauten Ammergauer Kalkalpen. – Aus Profiltafel zu Blatt Murnau 1:100 000. Quelle: Bayerisches Landesamt für Umwelt.

A26. Flysch am Röthenbach südöstlich von Halblech. Steilstehende dünnbankige bis plattige Kalke wechseln mit Mergellagen (12).

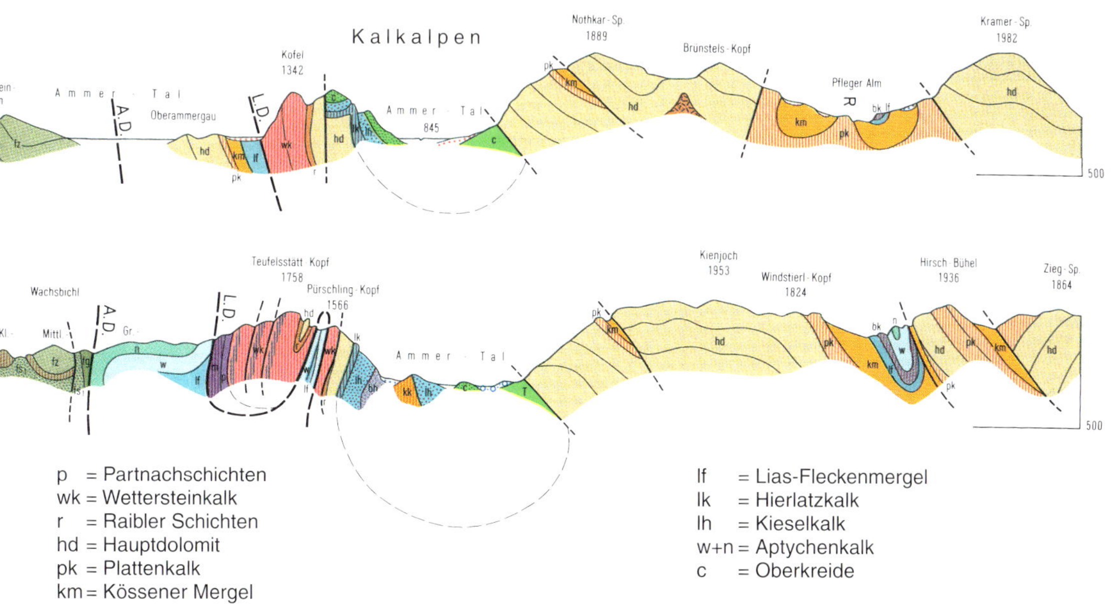

A27. *Strömungsmarken des Flyschs an der Bankunterseite (Röthenbach).*

Schichten, die aber weithin von Hangschutt, z.T. auch postglazialen Schottern, überdeckt sind. Vor Unternogg bietet das aus dem Ammergebirge kommende Tal der Halbammer wieder gute Flysch-Aufschlüsse (13), wobei am Anfang (ca. 80 m) die ebenfalls steilstehenden Unternoggschichten (Sandstein, Konglomerat, Kieselkalke und Mergel) schon ins Alttertiär des Nordpenninikums gehören sollen (in Glaukonit-Sandsteinen am Beginn fand man eozäne Nummuliten). Südlich schließen sich die Kalk-Mergel-Wechselfolgen des Flyschs an, die insgesamt einen breiten, einförmigen Faltenbau mit interner Spezialfaltung aufweisen (Piesenkopf-Zementmergel-Serien, bzw. Kalkgraben-Serie). Nach 3 Kilometern folgt darunter der grobe Reiselsberger Sandstein und nach weiteren 0,5 Kilometern Kieselkalke der Malm-Aptychenschichten der Kalkalpen (ab der Blauen Gumpe südlich des Wilden Jägers).

A28. *Gradierte Sandsteinbänke in der Unteren Meeresmolasse (UMM, Deutenhausener Schichten) nördlich der Mayersäge mit Strömungsmarken (rechts) und Schleifmarken (links) an der Bankunterseite (Turbidite in den Deutenhausener Schichten; Oligozän)* (14).

A29. Die Scheibum westlich von Achele (schräg geschichtete, steilgestellte Sandsteinbänke in der Unteren Süßwassermolasse, USM; (15)), rechts dünnes Kohleflöz. ▷

600 Meter nördlich der Mayersäge sind im Flussbett östlich des Wehres in den Tonen und
A28 Mergeln der Unteren Meeresmolasse steilstehende gradierte Sandsteinbänke freigespült ((14)). Diese Deutenhausener Schichten des tiefen Tertiärs (Oligozän) zeigen wie der Flysch Schleifspuren und Strömungsmarken, die durch Abgleiten der Sedimente am untermeerischen Abhang entstanden sind (Turbidite).

Einen Kilometer nördlich davon hat sich die Ammer an der Scheibum westlich von Achele durch die tiefsten, steilstehenden, groben Sandsteinbänke der Unteren Brackwassermolasse gesägt ((15)). Unmittelbar südlich davon liegen dünne Kohleflözchen zwischen den Mergeln und marinen Feinsandsteinen der Bausteinschichten (UMM). Nach Norden schließt sich die Ammerschlucht an, die ein Profil durch
A29 die gesamte Faltenmolasse von der Murnauer
A30 Mulde im Süden über die Rottenbucher Mulde bis zur Peißenberger Schuppe im Norden bietet. Westlich der Ammer führt ein Fußweg nach Norden zu den Kalktuff-Kaskaden der Schleierfälle.

Uns zieht es jedoch nach Süden: Wir wollen von Altenau aus dem breiten, von Gletschern ausgeformten Ammertal nach Süden folgend nochmals einen Einblick in die Alpen gewinnen. Auf der alten Straße nach Unterammergau geht es vorbei am Kochelfilz mit seinen eingerutschten Flyschschollen-Bergen. Am Hang nach Wurmansau erschließt eine Kiesgrube grobe Schotter, die oben von der lehmigen
A32 Altenauer Endmoräne überdeckt sind ((16)). Sie markiert einen spätglazialen Rückzugshalt des Ammergletschers. Nach dem Abschmelzen des Gletschers staute sich vor Altenau der Ammergauer See auf. Unterammergau liegt auf einem Schuttfächer der Schleifmühlenlaine, die unmittelbar südwestlich aus den Ammergauer Kalkalpen herauskommt. Die
A36 alten Wetzsteinmühlen am Bach südwestlich

▷

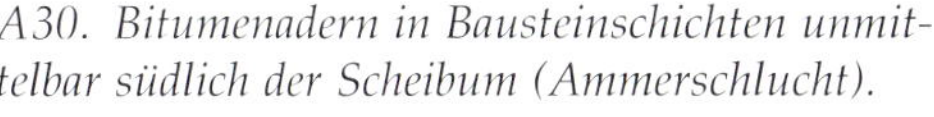

A30. Bitumenadern in Bausteinschichten unmittelbar südlich der Scheibum (Ammerschlucht).

A31. Blick über Saulgrub in den Ammergau, links der Flyschberg Hörnle, rechts hinten die Kalkalpen.

A32. Kiesgrube in Schottern, überlagert von der Altenauer Endmoräne (16).

A33. Unterammergau mit Blick zum Teufelstättkopf, im Wald alte Wetzsteinbrüche (17).

A34. Roter Radiolarit (Malm), grauer Fleckenkalk (Lias).

A35. Grüne Wetzstein-Kieselkalke.

A36. Wiederaufgebaute Wetzsteinmühle südwestlich von Unterammergau.

des Ortes verarbeiteten die kieseligen Kalke der Aptychenschichten (Ammergauer Schichten), die darüber am Schartenköpfel abgebaut A33
wurden (17). Im Bauernhausmuseum an der A35
Glentleiten bei Großweil ist eine solche Wetzsteinmühle wieder aufgebaut.

Am Weg zum Pürschling bilden die steilstehenden, zum Teil rötlichen, dünnbankigen, A37
kieseligen Kalke direkt oberhalb des Parkplatzes eine kleine Schlucht mit Wasserfall über einer Hauptdolomit-Scholle (18). Vorbei am Gasthaus »Wetzstein-Mühle« mit kleinem Museum geht es hinunter ins Pulvermoos, das wir entlang der Ammer durchqueren. Bei der Fahrt erkennen wir, dass die bewaldeten Flyschberge am Aufacker nordöstlich von Oberammergau erheblich weiter nach Süden reichen. Im Ammertal liegt eine rechtsseitige Blattverschiebung, die die Kalkalpen westlich von Unterammergau weiter nach Nordwesten bewegt hat.

A37. Steilstehender Aptychenkalk mit Rutsch-Diskordanzen im Bachbett der Schleifmühlenlaine.

B Von Oberammergau bis Bad Tölz (von der Loisach zur Isar)

In Oberammergau wechseln wir auf die Westseite der Ammer. Erst südlich von Oberammergau
verengt sich das Tal mit dem Einsetzen des steil aufgerichteten Wettersteinkalkes (Kofel), der Lechtal-
Decke und dem anschließenden Hauptdolomit samt Bunter Liaskalke (Kletterfelsen). Der Südhang
des Ammergebirgszuges wird von cenomanen (Oberkreide) Konglomeraten und Kalksandsteinen B2
gebildet, die im ost-west verlaufenden Ammerlängstal ausgeräumt sind. Wir umfahren das Weid- B3
moos mit den Quellsümpfen des Ammerursprungs und erreichen das berühmte Benediktinerkloster B4
Ettal. Nach dem Kirchenbesuch lockt die »Käsealm« zu einer Brotzeit. Dann geht es nach dem Ettaler
Sattel in rauschender Fahrt ins Loisachtal hinunter. Die Straße schneidet zunächst die steilstehenden,
verfalteten, grauen Hauptdolomit-Bänke an, darunter vor der Kehre die gut gebankten, gelb verwit- B5
ternden Raibler Kalke mit dünnen, schwarzen Mergelschiefer-Zwischenlagen (Nachsackung durch
Herauslösung des Gipses) (①). Sie kommen hier im südwest-nordost verlaufenden Oberauer Sattel an
die Oberfläche. An der B 2 nördlich von Oberau wurden früher eng verfaltete Raibler Gipse abgebaut.

Wir überqueren nun die Loisach in Oberau und nehmen den Weg über den breiten Loisachtal-Boden
in Richtung Eschenlohe am Fuß der steilen Hauptdolomit-Wände des Estergebirges (Krottenkopf).Das B7
geradlinig nach Nordosten verlaufende U-Tal der Loisach (entlang der Loisach-Störung) ist weithin
mit Mooren bedeckt, die im Frühjahr besonders am Rande einen wunderbaren Blütenteppich tragen.
Beim Blick zurück fasziniert das Wettersteinmassiv mit der Zugspitze. Wen es weiter in die Alpen
hineinzieht, der kann auch über Garmisch-Partenkirchen und Krün an die Isar und von dort aus
nach Bad Tölz fahren (s. Band 9 und Band 16 der »Wanderungen in die Erdgeschichte«).

Bei unserer Fahrt nach Norden kommen wir am Talrand an den großen Quellen des Lauterbaches vorbei, die aus gespanntem Grundwasser der Schotterkörper des Taluntergrundes gespeist werden (②). Seismische Untersuchungen haben den Felsuntergrund des Loisachtales erst in 400 bis 500 Metern Tiefe angetroffen. Darüber liegen mächtige glaziale Ablagerungen (Seeton und Schotter) insbesondere der ausgehenden Rißeiszeit (Bd. 9, Abb. H4). Die wasserreichen oberen Schotterlagen werden auch von der Münchner Wasserversorgung genützt. Unser Weg überquert einige Dolomit-

B1. Kletterfelsen südlich des Kofels in steilstehenden bunten Liaskalken (unten rechts), darüber links große Wand im Oberrhät-Riffkalk.

B2. *Schräg geschichtete Kalksandsteine der Kreide südlich des Kofels.*

B3. *Kalkfeinbrekzien der Kreide.*

B4. Kalkkonglomerat der Kreide (am Parkplatz am Zieglerhof).

B5. Raibler Kalke mit Mergel-Zwischenlagen an der Abfahrt nach Oberau vor der Straßenkehre. Durch Gipslösung gestörte Lagerung.

B6. Blick über das Quelltopfgebiet »Bei den sieben Quellen« zur Zugspitze.

B7. Das Estergebirge aus gebanktem Hauptdolomit; geradlinige Wand entlang der Loisach-Störung.

B8. Ehemaliger Steinbruch im quarzitischen Grünsandstein der helvetischen Kreide (Albium–Cenomanium). Die Rückwand besteht aus steilstehendem Schrattenkalk (Aptium) (4).

Schuttfächer, die steil vom Estergebirge herunterziehen und bei starkem Regen immer wieder neuen Nachschub bekommen, sodass der Weg vollkommen verschüttet wird. Kurz vor Eschenlohe liegt ein weiteres großes romantisches Quelltopfgebiet (»Bei den sieben Quellen«; 3). Durch die Verengung *B6* des Tales und den Anstieg des harten Dolomitfels-Untergrundes wird das Grundwasser hier zum Aufstieg gezwungen und bildet sofort den breiten Mühlbach (über 1000 l/s).

Hinter Eschenlohe weitet sich das Tal zum großen Murnauer Moos. Dort hat der Loisachgletscher im weichen Flysch und Helvetikum sein bis 180 Meter tiefes Stammbecken ausgeschürft bzw. durch Hochdruckwasser am Gletscherboden ausgespült. In Eschenlohe treffen wir wieder auf unseren Bodensee-Königssee-Radweg, der am Westrand des Mooses von Grafenaschau herführt. Auf dem halben Weg dorthin liegt am Langen Köchel der aufgelassene Steinbruch im steilstehenden Grün- *B8* sandstein und sandigen dunklen Schrattenkalk der helvetischen Kreide (4). Die harten quarzitischen Grünsandsteine waren sehr begehrt und lieferten vor allem Bahnschotter. Diese harten Gesteine konnte das Eis nicht vollkommen glatthobeln und so blieben sie als so genannte Rundhöcker erhalten.

Der Umweg über Grafenaschau lohnt sich besonders im Frühjahr, da der Rückweg durchs Moos nach Murnau einen besonderen Eindruck vom größten aktiven deutschen Moor mit seinen blauen Sibirische-Schwertlilien-Feldern entlang der Ramsach bietet. Westlich von Grafenaschau, am Gipfelhang des Hörnle, sind die gefalteten Flyschkalke in einem jungen Bergrutsch erschlossen. *B9*

Der schönste direkte Radweg führt am Ostufer der Loisach entlang von Eschenlohe nach Ohlstadt. Dabei begleitet uns immer noch der Hauptdolomit der Kalkalpen (Loisachtal-Seitenverschiebung). 500 Meter südöstlich von Ohlstadt an der Kaltwasserlaine (Weg zum Heimgarten) können noch die Gesteine an der Stirn der Lechtal-Decke besucht werden (5). Geringmächtige überkippte Partnach- und Wettersteinkalke bilden einen kleinen Wasserfall mit schmaler Einsenkung im Bereich der Partnachmergel. Nach etwas Hauptdolomit folgt sofort die Verebnung in Mergeln und feinbrekziösen Kalkbänken der Oberkreide (Branderfleckschichten). Vor ihrer Ablagerung wurden hier durch die eoalpine Gebirgsbildung die Jura- und Triasgesteine weitgehend abgetragen. Oberhalb am Großen

Ausschnitt aus der topografischen Karte 1:100 000, verkleinert auf 1:150 000, mit eingetragener Exkursionsroute (auf dem Bodensee-Königssee-Radweg [BKR]; abseits des BKR; restlicher Verlauf des BKR von Füssen bis Berchtesgaden) und Besichtigungspunkten (Auswahl). Grundlage: DTK 100; Bayerische Vermessungsverwaltung; Nr. 833/17.

0 5 km

Ausschnitt aus der geologischen Übersichtskarte 1:200 000, BGR Hannover, Blatt CC 8726 Kempten und CC 8734 Rosenheim, vergrößert auf 1:150 000, mit eingetragener Exkursionsroute (auf dem Bodensee-Königssee-Radweg [BKR]; abseits des BKR; restlicher Verlauf des BKR von Füssen bis Berchtesgaden) und Besichtigungspunkten (Auswahl). Legende Seite 142.

0 5 km

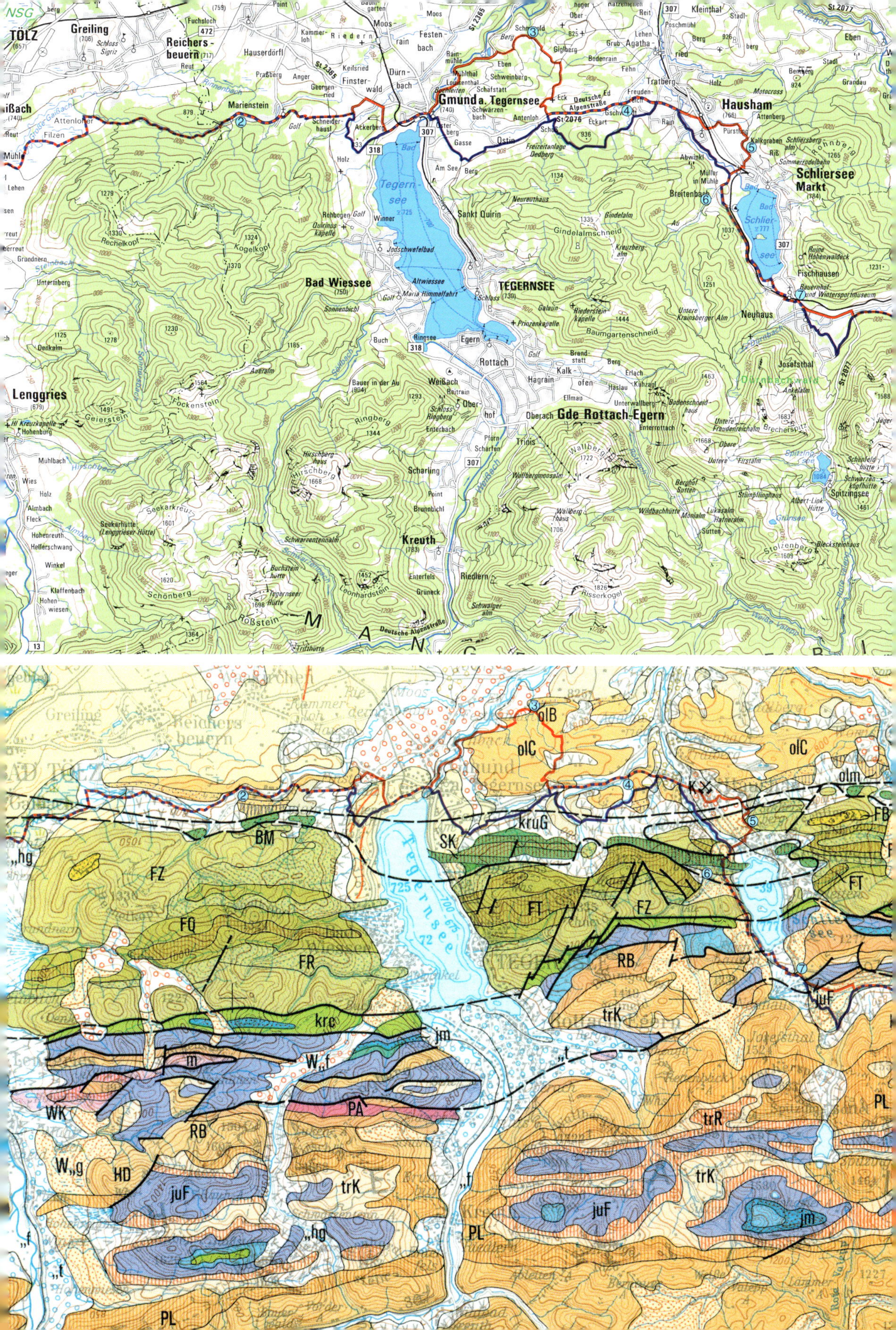

TÖLZ
Greiling
Reichersbeuern
Marienstein
Gmund a. Tegernsee
Hausham
Schliersee Markt
Tegernsee
Bad Wiessee
TEGERNSEE
Rottach
Gde Rottach-Egern
Lenggries
Kreuth
Wallberg
Hirschberg
Ringberg
Schönberg
Roßstein
Sankt Quirin
Neuhaus
Fischhausen
Spitzingsee
Deutsche Alpenstraße
Schlier see
BM
FZ
FQ
FR
krc
jm
m
W„f
WK
PA
RB
W„g
HD
juF
trK
„hg
„f
„t
PL
SK
kruG
FT
trR
olB
olC
olm
FB

B9. Stark gefalteter Flysch am Osthang des Hörnle.

B10. Aptychenkalk mit Kieselknollen nordöstlich von Ohlstadt (6).

B11. a, Steilstehende Fleckenkalke an der Wetzsteinlaine (nordöstlich von Ohlstadt). b, Detail mit dunklen Wühlspuren.

Illingstein besteht die Kreide zum Teil nur aus aufgearbeiteter und im Kreidemeer wieder abgelagerter grober Dolomitbrekzie (Felswand).

In der Allgäu-Decke liegt 1,5 Kilometer nordöstlich von Ohlstadt südlich der Wetzsteinlaine ein weiterer alter Bruch in den steilstehenden, verquetschten, kieseligen Kalken der Malm-Aptychenschichten *B10*
((6)). Eingelagerte dünne Brekzienlagen mit Fossilien weisen auf Bodenunruhe schon an der Jura/
Kreide-Grenze hin. Südlich des Bruches stürzt ein imposanter Wasserfall über eine tektonisch einge-
schuppte bzw. eingerutschte Hauptdolomit-Rippe. Nur 500 Meter nordöstlich von Ohlstadt beginnen
schon die Flysch-Zementmergel (im Bachbett der Wetzsteinlaine neben den Lias-Fleckenmergeln). *B11*
Die Nordgrenze der Kalkalpen liegt hier durch die Loisach-Seitenverschiebung rund 3 Kilometer
weiter nördlich als westlich der Loisach.

Wir folgen nun dem Radweg über Schwaiganger (ehemaliges Staatsgut für Pferdezucht) nach Großweil. Dabei ist ein Abstecher über das Bauernhofmuseum Glentleiten möglich (Wetzstein-Mühle). Nordwestlich von Großweil wurde früher frühwürmzeitliche Schieferkohle abgebaut ((8)). Vorher passieren wir die riesige Kiesgrube Gstaig in Würm-Vorstoßschotter ((7)).

B12. Blick zum Herzogstand über Kloster Schlehdorf.

B13. Blick zum Kesselberg: Skizze zur Landschaft rund um den Kochelsee.

B14. Der Kochelsee beim Ausfluss der Loisach, überragt vom Herzogstand (links der Mitte, rechts daneben der Heimgarten).

Vor uns liegt nun das vom Isargletscher bis 200 Meter tief ausgespülte Kochelsee-Becken, das die
Loisach schon weitgehend aufgefüllt hat. Im Nordwesten wird es von den bewaldeten Bergen der
Murnauer Molassemulde begrenzt, die hier an der Loisach-Störung heraushebt. Wenn wir dem flachen
Schuttfächer der Loisach entlang auf den Kochelsee zufahren, blicken wir direkt zum Gletscher- *B13*
Durchbruch am Kesselberg mit Hangschulter und Schliffgrenze bei rund 1200 Metern (s. Bd. 9). In
Schlehdorf sollte man bis zum Loisachdelta in den Kochelsee fahren. Dort wird der antransportierte
Kies immer wieder abgebaggert. Die Steilwände im Süden des Sees sind unten aus Wettersteinkalk
aufgebaut. Darüber folgt der mächtige Hauptdolomit am Herzogstand und Heimgarten. Die Flysch-
zone ist ähnlich wie in Füssen hier vollständig ausgeräumt.

In Kochel führt ein Abstecher zum Walchenseekraftwerk im Süden ((10)). Bei der Abfahrt zum See
kommt man an steilstehenden und verquetschten Jura-Kieselkalken vorbei ((9)). Am Campingplatz *B15*
vor der Abzweigung zum Kraftwerk beginnen die hellen Wetterstein-Klötze. Östlich der Kesselberg-
Seitenverschiebung ist der Wettersteinkalk am Kienstein rund 1 Kilometer nach Norden vorgeschoben;
zu sehen ist die Störung an der Kesselbergstraße (B16, B17). Das von Oskar von Miller Anfang *B16*
des 20. Jahrhunderts ideal geplante Wasserkraftwerk nützt den vom Gletscher geschaffenen Höhen- *B17*
unterschied von 200 Metern zwischen Walchensee und Kochelsee und kann mit seinen 8 Turbinen (Francis- und Peltonturbinen) maximal 124 MW Leistung erzeugen. Damit zählt es zu den größten Speicherkraftwerken Deutschlands. Es wird heute hauptsächlich als Spitzenlastkraftwerk und zur Bahnstromerzeugung genutzt. Da der Walchensee zu wenig natürliche Zuflüsse hat und der Seespiegel nur im Winter um höchstens 6 Meter abgesenkt werden darf, wird ständig Isarwasser über einen Kanal von Krün und Rißbachwasser unterirdisch von Vorderriß in den Walchensee geleitet.

Bei unserer Weiterfahrt nach Benediktbeuern wählen wir den schönen Weg durch das Niedermoor
direkt entlang der Loisach. Die Benediktinerabtei Benediktbeuern ist eines der ältesten Klöster im
Alpenvorland (gegründet 739 n. Chr.) und war immer ein wichtiges Kulturzentrum. Heute beherbergt *B18*
sie zwei Hochschulen und gehört dem Salesianer-Orden. Südöstlich von Benediktbeuern hat der
Lainbach ein tiefes Tal in den Flysch gesägt. Dort lassen sich die typischen Sedimentationszyklen
in den steilstehenden und verfalteten Schichtfolgen sehr schön beobachten ((11)). Sie reichen von *B19*
gradierten Kalksandsteinen über Kieselkalke und Mergel bis zu Schiefertonen (s. Hesse 2011).

B 15. Steilstehende Malm-Kieselkalke in Kochel, links überschobener Hauptdolomit (unterhalb des Franz-Marc-Museums).

B 16. Der horizontale Harnisch im Hauptdolomit an der Kesselbergstörung zeigt die Bewegungsrichtung an (an der Kesselbergstraße).

Ein Kilometer vor Bad Heilbrunn liegt im Wald an der B 472 der alte Steinbruch im Enzenauer Marmor und Assilinen-Sandstein des Alttertiärs der helvetischen Zone (12); jetzt kleiner Klettergarten). Der rote Enzenauer Kalk mit seinen Großforaminiferen ist früher gerne verbaut worden (z. B. an

B 17. Rechts helle tektonische Brekzie im Hauptdolomit der Kesselberg-Störung (beim Goethe-Denkmal an der Kesselbergstraße).

B18. Kloster Benediktbeuern. Links der Jochberg, rechts der Herzogstand.

der Votivkapelle für König LUDWIG II. in Berg sowie am Wittelsbacher-Brunnen am Lenbachplatz in München). Weitere Abbaue finden sich am Schellenbach 1 Kilometer südlich von Bad Heilbrunn. In Richtung Bad Tölz folgt unser Weg der Nordgrenze des Flysches. Nördlich vom Stallauer Weiher steigt der aus Faltenmolasse aufgebaute Buchberg empor.

B19. Eng verfaltete Flyschbänke im Lainbachtal (Tristelschichten).

B20. *Blick über Bad Tölz ins Isartal.*

B21. *Block von Enzenauer Marmor mit hellen Nummuliten-Querschnitten.*

C Von Bad Tölz bis Rosenheim (von der Isar zum Inn)

Bad Tölz an der Isar mit seiner malerischen Marktstraße hat eine interessante geologische Umgebung, die schon in Band 8 der »Wanderungen« näher dargestellt wurde. Hier sei nur auf die Jodquellen am Sauersberg südwestlich von Bad Tölz und westlich der Bocksleiten (Bohrung) hingewiesen, die ihr Jodwasser wahrscheinlich aus dem Helvetikum (Stockletten) bzw. aus den Tonmergeln der Unteren Meeresmolasse (UMM) beziehen (s. Profil 3, Abb. 8, S. 12). Am Fuß des Kalvarienberges nördlich von Bad Tölz stehen die feinen Baustein-Sandsteine der Faltenmolasse an (ebenfalls UMM; (①)), darüber eiszeitliche Nagelfluh am Weg zur Wallfahrtskirche Heilig-Kreuz. Von dort hat man
einen herrlichen Blick ins breite Isartal im Bereich der Flyschzone (ehemaliger eiszeitlicher See) und B20
dahinter ab Lenggries auf die Kalkalpen von der Benediktenwand bis zum Juifen. Vor der Kirche
liegt ein roter Block aus Enzenauer Marmor neben Wettersteinkalk und Molasse-Sandstein. B21

Südöstlich von Bad Tölz geht es im Ortsteil »Mühle« zur würmeiszeitlichen Niederterrasse hinauf. Es bietet sich ein schöner Blick zurück zur Benediktenwand mit der aus Wettersteinkalk bestehenden hellen Probstenwand und über den Schafreuter bis ins Karwendel. Wir folgen nun dem Alpenrand nach Osten durch ausgedehnte Hochmoore (Filze) auf altpleistozänen Seetonen der 150 Meter tiefen Ur-Isar-Rinne und anschließend im Wald entlang der Großen Gaißach zwischen Faltenmolasse- und Flyschbergen. Vom ehemaligen Bergwerk Marienstein zeugen im heutigen Gewerbegebiet nur
C1 noch eine riesige Abraumhalde und das betonierte Stollen-Mundloch (über der Betonwand; ②). Der Mariensteiner Stollen führte waagerecht nach Süden aus der Faltenmolasse mit dem tiefsten Pechkohlenflöz Nr. 5 zu Beginn (Untere Brackwassermolasse, UBM) und mächtigen Rupelium-Tonmergeln (bis 500 m) bis in das überschobene Helvetikum mit Adelholzener Schichten und Stockletten des Eozäns (s. Profil 10 Bl. Tegernsee). Wichtiger als der Kohleabbau (bis 1961) war das seit 1851 in Marienstein bestehende Zementwerk. Es verwendete hauptsächlich die Buntmergel des Ultrahelvetikums, daneben die Zementmergel der Flyschzone und auch die Stinksteinmmergelkalke der Kohlezwischenschichten der Molasse. Die oberirdisch an der Bacher-Alm in Steinbrüchen gewonnenen Buntmergel wurden unterirdisch durch den Mariensteiner Stollen zum Zementwerk transportiert, früher reichte der Stollen sogar 2000 Meter weit bis in die Zementmergel der Flyschzone.

C1. Mariensteiner Stollen des ehemaligen Bergwerks Marienstein zum Abbau von Pechkohle und Zementmergel des Flyschs (②).

Am Fußweg zur Bacher-Alm vom Ostende des
C2 Gewerbegebietes aus nach Süden sind Sandsteine und Konglomerate der Mariensteiner Flözgruppe zu sehen. Vor der Wegabzweigung steht ein Förderturm-Modell samt erklärender Tafel.

Wir fahren steil nach Steinberg hinauf und dann hinunter gegen Gmund am Tegernsee. Im Steinberg-Graben südlich der Abfahrt sind Kohlenflöze stellenweise angeschnitten (näheres s. Erläuterungen zu Bl. Tegernsee von STEPHAN & HESSE 1966).

Von den Endmoränen bei Kaltenbrunn aus hat man einen wunderbaren Blick über den Tegernsee und die ihn umgebenden Berge. Beiderseits des Sees liegen die flacheren, bewaldeten Flyschberge.

C2. Konglomerate aus der Brackwassermolasse der Mariensteiner Flözgruppe am Weg zur Bacher-Alm.

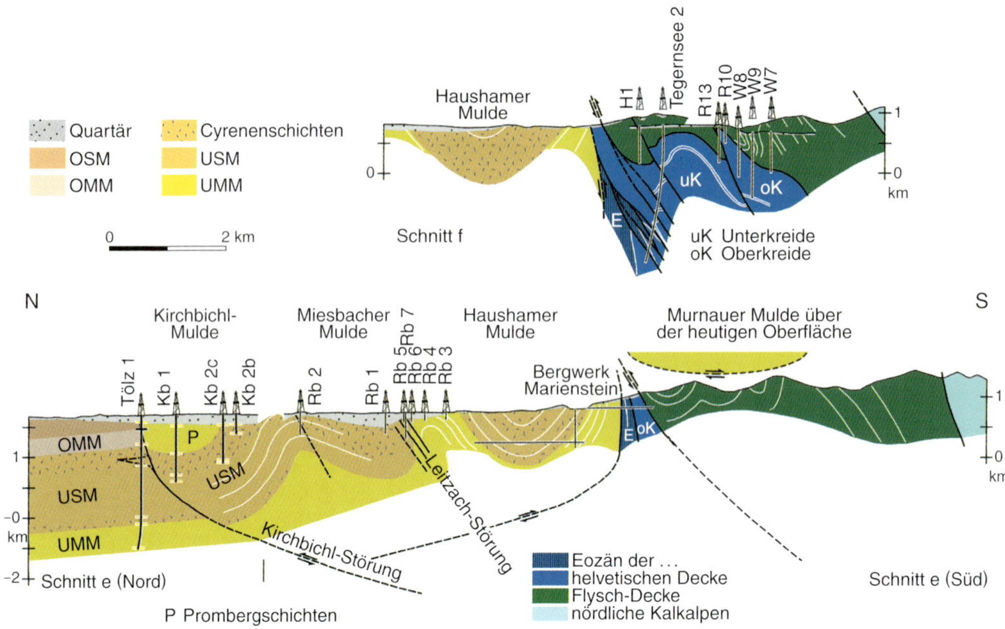

C3. Geologische Profile durch den Alpenrand am Tegernsee und Schliersee. – Nach ORTNER *et al. 2014, Fig. 15.*

C4 Dahinter steigen steil die Dolomitberge des Kalkalpins mit dem Wallberg im Süden und dem Hirschberg im Südwesten auf. Die Umgebung des Sees bietet zahlreiche geologische Besonderheiten, z. B. die älteste Erdöl-Fundstelle Bayerns bei Rohbogen (St.-Quirinus-Öl seit 1441) oder Erdgasaustritte im See (»Eisanzünden« im Winter) oder erbohrte Jodquellen in Bad Wiessee. Der rote Tegernseer Oberjura-Marmor der Allgäu-Decke aus einem Steinbruch bei Enterbach südlich des Sees wurde

C4. Blick von den Endmoränen bei Kaltenbrunn über den Tegernsee, der von bewaldeten Flyschbergen umrahmt wird, zu den Gipfeln der Kalkalpen im Hintergrund (links der Wallberg, rechts der Hirschberg).

C5. Die Mangfall in Gmund am Ausfluss des Tegernsees.

auch in der Schlosskirche von Tegernsee verbaut, ebenso z. B. in der Mariensäule und im Haus der Kunst in München. Unmittelbar südlich davon folgen bei Schärfen in der Lechtal-Decke Brüche im dunklen Muschelkalk (Reiflinger Kalke). Das Tegernseer Umland ist geologisch so vielfältig, dass dafür ein Buch »Tegernseer Tal« von W. HILLER (Hrsg.) im Pfeil-Verlag herausgebracht wurde. Wer sich näher informieren will, sei auf die Erläuterungen zur GK 25 Bl. Tegernsee von STEPHAN & HESSE (1966) verwiesen.

In Gmund strömt die grüne Mangfall aus dem See. Da der Tegernseer Gletscher nur wenig Eisnachschub über den Achenpass bekam, schob er sich nicht ins Vorland. Seine Endmoränen liegen direkt am Ende des Sees beiderseits von Gmund. Von hier aus strömten die Gletscherbäche der Ur-Mangfall in der Lücke zwischen dem Isar- und dem Inn- Gletscher direkt nach Norden zur Münchner Schotterebene. Ihre abgelagerten Schotter sind heute sehr wasserreich und liefern die Hauptwassermenge für die Stadt München (Brunnenfassungen am Fuß des Taubenbergs). Wer noch einen Eindruck von den kohleführenden Molasseschichten gewinnen will, kann einen Abstecher der Mangfall entlang nach Norden machen. 3,5 Kilometer nordöstlich von Gmund zweigt ein kleines Sträßchen nach Schmerold ab. In dem östlich davon gelegenen Graben kann im Bachbett von Süden nach Norden die »Haushamer Liegend-Flözgruppe« mit Kalksandsteinen, Tonmergeln und seltenen dünnen Flözchen durchschritten werden ((3)). Muschel- und Schneckenschalen weisen auf Übergänge von marinen zu brackischen und limnischen Ablageungsbedingungen hin. Nach 200 Metern folgt die engere Schlucht in den dickbankigen Kalksandsteinen der Bausteinschichten und schließlich weitet sich das Tälchen nach weiteren 100 Metern in den marinen Rupelium-Tonmergeln mit zahlreichen Muschelschalen am sandigen Beginn der Abfolge (Profil s. Beil. 2 von Bl. Tegernsee). Wir haben damit den heraushebenden Nordflügel der Haushamer Mulde durchschritten.

C5 *C6*

Von Schmerold aus fahren wir über Grund weiter und erreichen über die Molasseberge bei Waldhof und Hintereck die Straße Gmund–Hausham. Bei dieser Fahrt überqueren wir die gesamte Haushamer Molassemulde. Im Muldenzentrum war die Abtragung an der Oberfläche geringer, sodass wir infolge von Reliefumkehr einen steilen Berg überqueren müssen. Wir bleiben dann am besten auf der Straße

C6. Kalksandsteine der Liegendflözgruppe im Schmeroldgraben nordöstlich von Gmund (3).

C7. Förderturm des Klenze-Schachtes in Hausham.

nach Hausham und folgen dem Südflügel der Haushamer Molassemulde. An der Abzweigung nach Agatharied können wir einen Abstecher nach Süden in den Gschwendtner Graben machen. Am Osthang stehen in steiler Lagerung geringmächtige Pechkohle-Flöze, Kalkmergel und Kalksandsteine mit Landschnecken und fossilreiche Baustein-Chattium-Mergel an (derzeit nur kleine Aufschlüsse am Beginn; ④). In Loch stand einst ein Bergwerksschacht. Über die Gschwendtner Höhe erreichen wir dann Hausham. Von dem über 100-jährigen umfangreichen Pechkohle-Abbau um Hausham zeugen heute nur noch der Förderturm des ehemaligen Klenze-Schachts und die ausgedehnten Abraum- *C7*
halden an der Brentenspitz nordöstlich von Hausham (heute unter Müllablagerungen). Die rund 1200 Meter mächtige Schichtfolge der Unteren Brackwasser- bis Unteren Süßwasser-Molasse enthält zwar bis zu 26 Flöze, von denen aber nur drei von Bedeutung waren. Selbst diese wurden auch nur zwischen 20 und 250 Zentimeter mächtig und enthielten nur rund 70 Prozent verwertbare Kohle. Trotz dieser schwierigen Bedingungen wurden über die 70 Kilometer langen Untertage-Strecken bis 1966 28 Millionen Tonnen Kohle gefördert. Durch die Konkurrenz der Ruhrkohle und des Heizöls konnten die Gruben dann nicht mehr wirtschaftlich betrieben werden, obwohl noch große Vorräte vorhanden sind. Im Rathaus von Hausham gibt ein kleines Museum noch einen Eindruck von den schwierigen Abbaumethoden und der Blütezeit des Kohlebergbaus mit über 1800 Beschäftigten.

Von Hausham fahren wir nach Südosten über Pürstling nach Kalkgraben. Dort sind direkt am Alpenrand in einem alten Steinbruch die steil nach Süden einfallenden Flyschkalke mit Mergel-Zwischenlagen erschlossen (Typuslokalität der Kalkgrabenschichten = Zementmergel-Serie; ⑤). *C8*
Im Einzelnen wechseln rhythmisch dickbankige, gradierte Kalksandsteine, Kieselkalke und Mergelkalke mit Mergel-Zwischenlagen ab. In den höheren Schichten nimmt der Sandanteil ab (jüngste Oberkreide: Campanium).

Unmittelbar südwestlich davon liegen die Endmoränen des kleinen Schlierseegletschers. Wir überqueren Straße und Bahn und wechseln über Westenhofen zum Westufer des Schliersees. Von Schwaig

C8. Im Kalkgraben-Flysch südöstlich von Hausham wechseln Kalksandsteine, Kieselkalke und Mergelkalke mit Mergel-Zwischenlagen (⑤).

C 9. Blick über den Schliersee zur Brecherspitz.

C 10. Beim Blick zum Wendelstein erkennt man deutlich den Muldenbau an der Lechtal-Deckenstirn. Rechts, am Wendelstein, und links, am Breitenstein, bilden die Wettersteinkalke die Muldenflanken. Im Muldenzentrum haben sich am Schweinsberg noch Hauptdolomit und Rhätriffkalk erhalten.

aus hat man einen schönen Blick über den See, der meist von bewaldeten Flyschbergen umrahmt ist, nur im Süden steigen die steilen Kalkalpen empor mit der Brecherspitz und dem Jägerkamp. Südlich von Schwaig schiebt sich eine kleine bewaldete Halbinsel, der Freudenberg, hauptsächlich aus Schrattenkalk des Helvetikums, in den See. Dieser ist in der Breitenbach-Schlucht südwestlich der Ortschaft besser zu sehen (6). Fensterartig tauchen hier die helvetischen Schichten unter dem

C11. Im Bocksteinfenster bilden die weichen Jura-Neokom-Mergel der Allgäu-Decke die Wiesen- und Waldstreifen zwischen Wendelstein (links) und Bockstein (rechts), darüber lagert der Wettersteinkalk der Lechtal-Decke.

Flysch auf (s. Erl. zu Bl. Miesbach, Abb. 20 und Profil 18). Wir fahren dann auf dem Schuttfächer des Langenbaches zum See hinunter. Nach dem Campingplatz führt unser Weg neben der Bahn am Westufer des Sees entlang und bietet immer wieder schöne Ausblicke. Vom Flysch zeugen hier nur die bewaldeten feuchten Hänge. Vor dem Südende des Sees überschreiten wir schon den Kalkalpenrand, der sich besonders am Ostufer durch den steil aufstrebenden Hirschgeröhrkopf (s. Abb. 13, S. 20) mit seinen Raibler-Kalk-Wänden bemerkbar macht (Allgäu-Decke). In Neuhaus kann das Bauernhof- und Wintersportmuseum von Markus Wasmeier besucht werden (7). Anschließend kommen wir bequem durch das Quertal der Aurach in das Leitzachtal hinüber. Es ist an der Lechtal-Deckenstirn in den weichen Raibler und Jura-Schichten angelegt. Wir blicken dabei nach Süden über Josefsthal zum Einschnitt des Spitzingsees hinauf, aus dem der Eisnachschub für den Schlierseegletscher kam.

Der westlichste Ausläufer der Leitzachtal-Gletscherzunge hat das Aurachtal geschaffen. Dieser kräftige Gletscher hatte über Bayrischzell und Landl direkt Anschluss an das große Eisstromnetz des Inntals. Vor Aurach öffnet sich der Blick auf das imposante Wendelstein-Massiv mit seinen hellen Wettersteinkalkwänden. Von hier aus ist der Muldenbau des weit nach Norden vorgerückten Felsmassivs besonders gut zu erkennen. Die Wettersteinkalkwände der Lechtal-Decke bilden mit dem Wendelstein *C10*
im Süden und dem Breitenstein im Norden die beiden Muldenflanken. Im Muldenzentrum hat sich am Schweinsberg der Kössener Riffkalk samt Hauptdolomit erhalten (Reliefumkehr). Unterlagert wird der Wettersteinkalk von den weichen Jura-Schichten der Allgäu-Decke. Sie sind im Sattel zwischen Wendelstein und Bockstein fensterartig aufgeschlossen (»Wendelstein-Halbfenster«; s. Profil *C11*
von Wolf 1972). Das Vorrücken des Wettersteinkalkes der Lechtal-Decke am Wendelstein steht im Zusammenhang mit der nach Nordwesten gerichteten Bayrischzeller Störung (Himmelmoos-Störung von Tollmann) und der Absenkung der Schichten östlich davon.

Da der interessante Aufbau des Wendelsteins leicht mit der Seilbahn zu erkunden ist und dort ein geologischer Lehrpfad mit ausführlichen Tafeln existiert, wollen wir jetzt einen Abstecher auf diesen schönsten Aussichtsberg Bayerns machen. Dazu nehmen wir den Radweg von Hammer entlang der Bahn, rund 5 Kilometer bis zur Talstation der Wendelstein-Seilbahn (8). Dort kann das Begleitheft zum Lehrpfad »Geopark Wendelstein« erworben werden.

C12. Wettersteinkalkgipfel des Wendelsteins links, Bergstation der Seilbahn in weichen Partnach-Mergeln, Felsen rechts im Hauptdolomit und Wettersteinkalk.

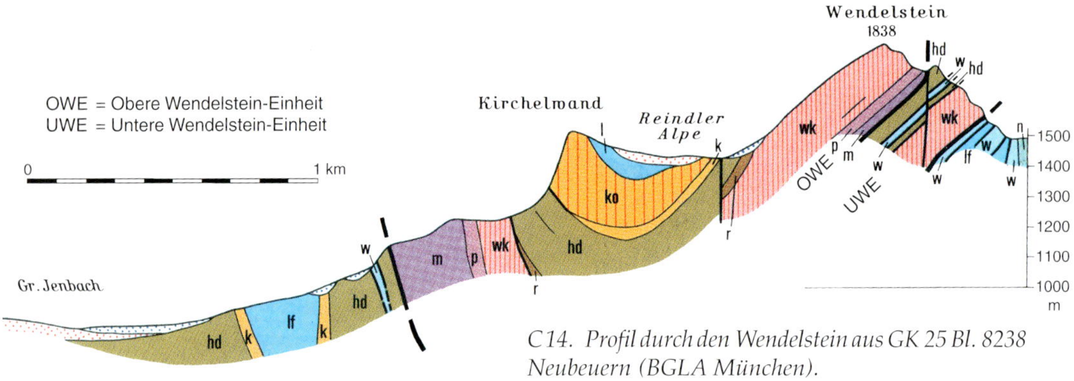

OWE = Obere Wendelstein-Einheit
UWE = Untere Wendelstein-Einheit

0 1 km

C14. Profil durch den Wendelstein aus GK 25 Bl. 8238 Neubeuern (BGLA München).

c Cenomanium
n Neokom-Aptychenschichten
w Malm-Aptychenschichten
bh Dogger-Kieselkalk (bk)
lh Lias-Kieselkalk (lk)
lf Lias-Fleckenmergel
ko Bankkalk und Riffkalk (kk)
k Kössener Schichten (km)
pk Plattenkalk
hd Hauptdolomit
r: Raibler Schichten (rk, rr, rs)
wk Wettersteinkalk
p Partnachschichten
m Alpiner Muschelkalk

0 1 km

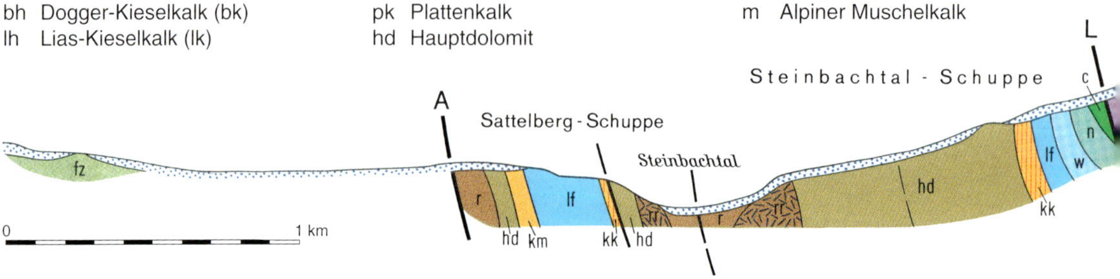

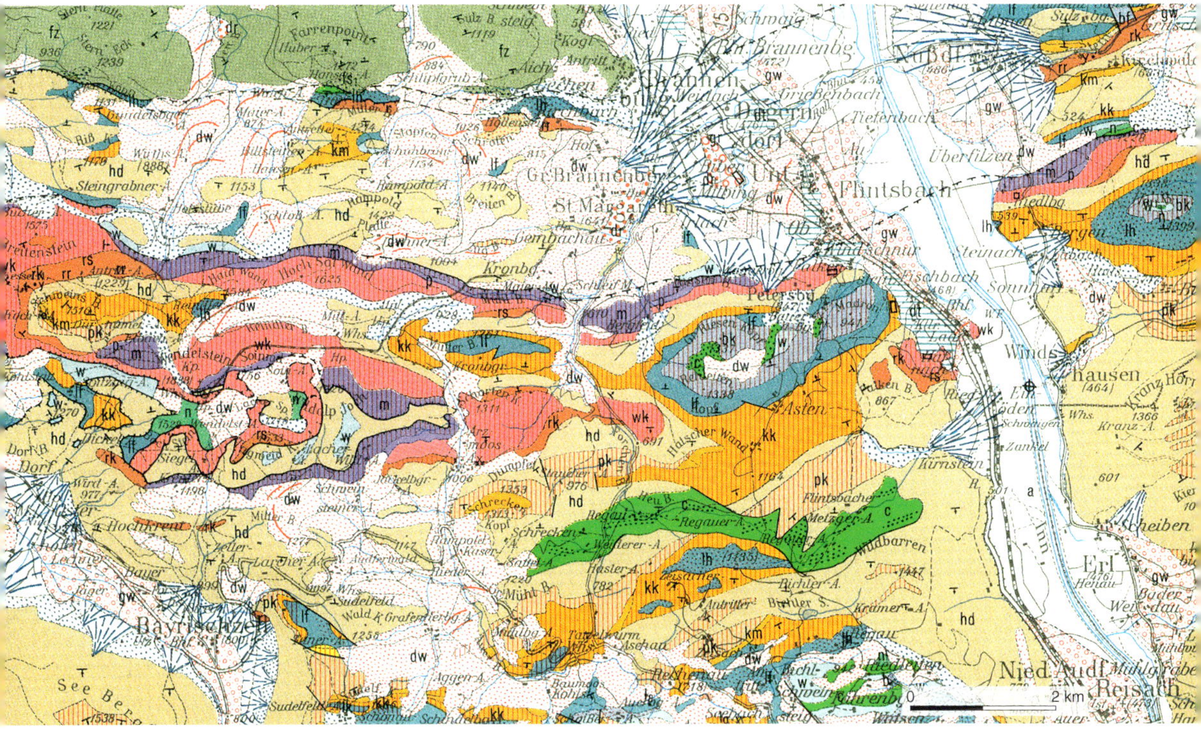

C13. *Ausschnitt aus GK 100 Bl. Schliersee. Quelle: Bayerisches Landesamt für Umwelt.*

Schon bei der Auffahrt erkennt man die Teilung des Massivs durch einen Wiesenstreifen im Bereich der Bergstation. Links davon erhebt sich der Wendelstein-Gipfel aus hellem Wettersteinkalk, rechts folgen dunklere Wände aus Hauptdolomit und nochmals hellem Wettersteinkalk; die Bergstation steht auf weichen Partnach-Mergeln. Dort angekommen, genießen wir südlich des Wendelsteinhauses zuerst den Rundblick, insbesondere vom Hauptdolomitfelsen »Gacher Blick« aus. Er reicht über das Inntal und Kaisergebirge hinweg bis zu den Hohen Tauern. Da der Hauptdolomit, obwohl er jünger ist, unter dem Wettersteinkalk liegt, muss zwischen beiden eine Überschiebungsgrenze liegen. Sie zieht direkt durch die Terrasse des Panorama-Restaurants und trennt die Obere Wendelstein-Decke von der Unteren (s. Bl. Neubeuern, Profil 11, s. Profil im Text). Dabei gehört der gebankte Muschelkalk-Felsen, auf dem die Wendelsteinkapelle steht, noch zur Oberen Decke (beide sind Teile der Lechtal-Decke). C12 C16

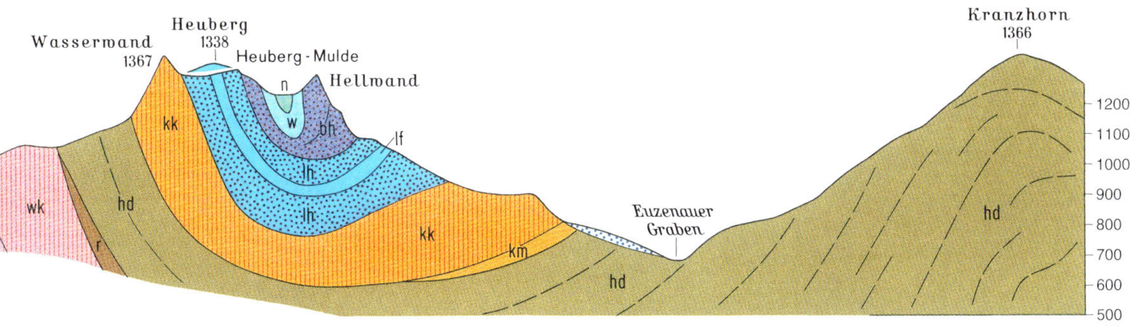

C15. *Profil durch den Heuberg aus GK 25 Bl. 8239 Aschau i. Chiemgau. Quelle: Bayerisches Landesamt für Umwelt.*

C16. Die Wendelstein-Kapelle auf Muschelkalk, unter der Deckenbahn Hauptdolomit und Wettersteinkalk (an der Kesselwand im Hintergrund); rechts die Lacherspitz (1724 m).

C17. Der Wendelsteingipfel aus Wettersteinkalk.

C18. Korallen im Wettersteinkalk am Nordabhang des Wendelsteins.

C19. Südwand des Wendelsteins, oben und rechts Hauptdolomit und Muschelkalk, links unten neben der Störung Wettersteinkalk.

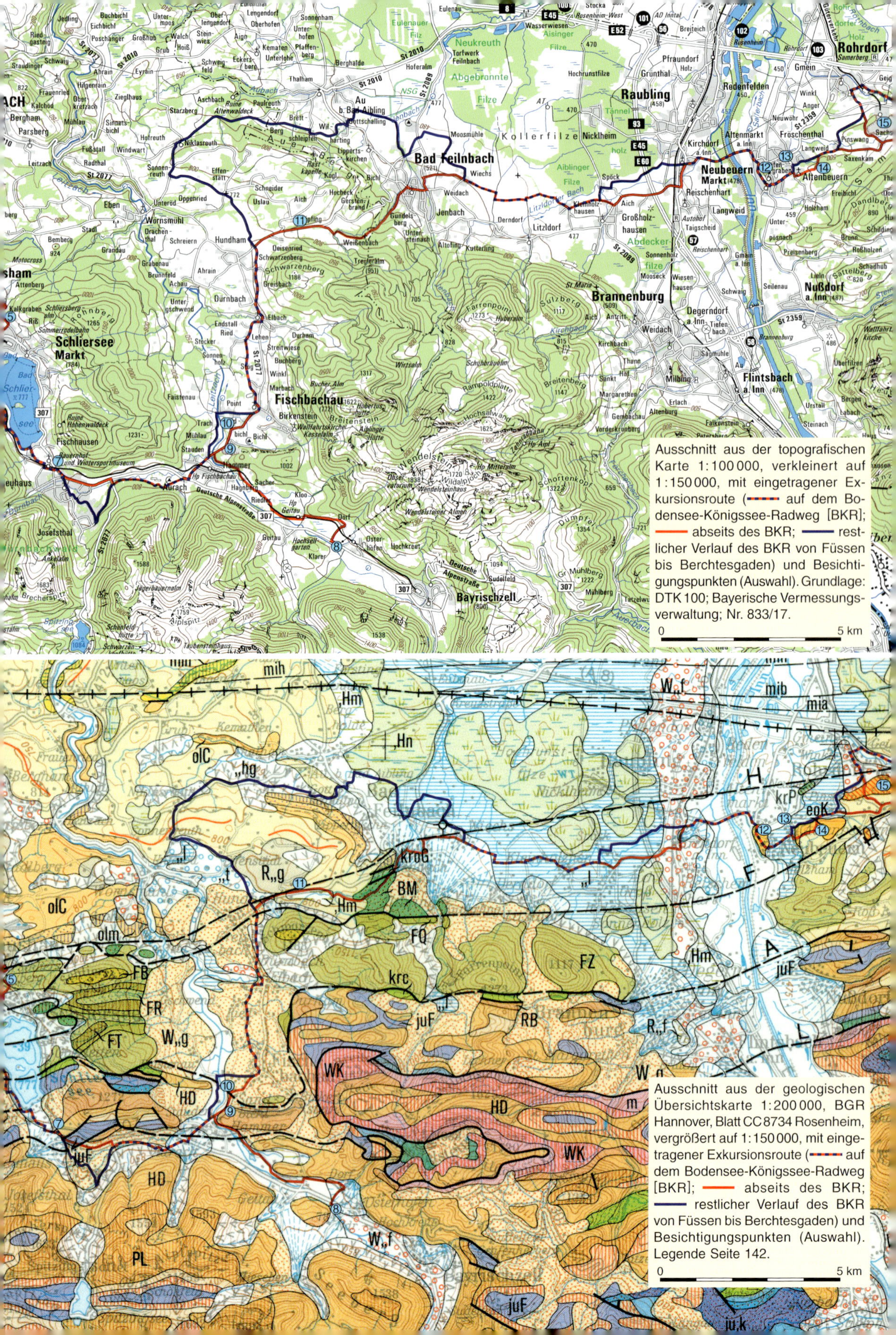

Ausschnitt aus der topografischen Karte 1:100 000, verkleinert auf 1:150 000, mit eingetragener Exkursionsroute (auf dem Bodensee-Königssee-Radweg [BKR]; abseits des BKR; restlicher Verlauf des BKR von Füssen bis Berchtesgaden) und Besichtigungspunkten (Auswahl). Grundlage: DTK 100; Bayerische Vermessungsverwaltung; Nr. 833/17.

0 5 km

Ausschnitt aus der geologischen Übersichtskarte 1:200 000, BGR Hannover, Blatt CC 8734 Rosenheim, vergrößert auf 1:150 000, mit eingetragener Exkursionsroute (auf dem Bodensee-Königssee-Radweg [BKR]; abseits des BKR; restlicher Verlauf des BKR von Füssen bis Berchtesgaden) und Besichtigungspunkten (Auswahl). Legende Seite 142.

0 5 km

C 20. *Wanderer (der Autor) auf der Lacherspitz über dem »Nebel«-Gletscher (links hinten das Kaisergebirge).*

C 21. *Nach Süden einfallende Raibler Kalke und Dolomite nördlich von Hammer* (9).

C22. Blick von Fischbachau zum Jägerkamp, im Vordergrund Delta-Schotter des Leitzachsees (10).

C17 Wir wählen nun den Gipfelweg, an dem neben dem grandiosen Ausblick anhand verschiedener Tafeln die Entstehung der Gesteine und ihre heutige Lagerung erklärt werden (s. Begleitheft). Die Tafel 5 zeigt ein Profil durch den Wendelstein und seine drei Decken, Tafel 6 einen Panorama-
C18 Ausblick, neben Tafel 12 kann man Korallen im Wettersteinkalk erkennen. Nordwestlich des Gipfels markieren die Riffkalke des Schweinsberges (Kössener Kalk) und des Breitensteins (Wettersteinkalk) die Wendelstein-Mulde. Im Rückanstieg zur Bahnstation kann man auch noch eine Karsthöhle im Wettersteinkalk besuchen.

C23. Blick über den ehemaligen Seeboden der Leitzach südlich von Hundham.

Nachdem wir uns schweren Herzens wieder ins Tal begeben haben, müssen wir leider wieder nach Hammer zu unserem Radweg zurück. Nur geübte Bergradler oder Bergschieber können von Bayrischzell auf der Alpenquerstraße direkt 300 Meter zum Sudelfeld-Sattel hinauf und dann in vielen Kurven im Angesicht des Großen Traithen über den Tatzelwurm-Wasserfall direkt nach Brannenburg hinunterfahren.

Nördlich von Hammer verengt ein Felsriegel das Leitzachtal. Die steil nach Süden einfallenden Raibler Kalke werden dort in einem großen Schotter-Steinbruch (9) abgebaut, nach Süden gehen C21
sie in Dolomit über.

Anschließend weitet sich das Tal im Bereich der Flyschzone von Fischbachau. Hier hat einmal beim Rückschmelzen des Leitzachgletschers ein See bestanden, von dem heute noch die Seetone an den Talhängen zeugen. Kurz vor Fischbachau erschließt die Kiesgrube Sandbichl das ehemalige Leitzach- C22
Schotterdelta in diesen See und markiert seinen Seespiegel bei rund 770 Meter (10). Der See reichte
bis Unterachau, südwestlich von Hundham. Nach Norden schließen sich die Endmoränen-Girlanden C23
der Leitzach-Gletscherzunge an. Wir folgen dem Ostrand des Seebeckens und haben immer wieder wunderbare Rückblicke in die Kalkalpen nordöstlich des Spitzingsees, deren Gipfel aus dickbankigem Plattenkalk der Oberen Trias bestehen. Bei Hundham verlassen wir die Endmoränen des Leitzachgletschers und auch unseren offiziellen Radweg und schweben auf der Asphaltstraße direkt nach Bad Feilnbach hinunter. Nördlich des Weges liegt auf den von Moränen des Inngletschers verhüllten Faltenmolasse-Ausläufern der Haushamer Mulde der Aussichtsgasthof Hocheck. Südlich davon steigen die Flyschberge am Alpenrand steil empor. Wir kommen am
C24 Deisenrieder Belüftungsstollen für den Pechkohleabbau vorbei, der wieder eröffnet werden soll (ehemals 1,5 km quer zur Haushamer Mulde; (11)). Von Weißenbach aus kann auch der alte steile Weg durch die Osterbach-Schlucht genommen werden, die zum Schluss durch das Ultrahelvetikum führt. Es stellt eine eigene tektonische Einheit zwischen Flysch und Helvetikum dar und enthält gradierte, z. T. brekziöse Kalke, Sandsteine und Mergel mit einer besonderen Radiolarien-Fauna.

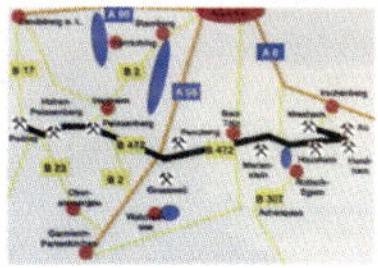

C 24. Belüftungsstollen von Deisenried des Pechkohle-Bergwerks Hausham (11).

In Bad Feilnbach sind wir im tief liegenden (450–500 m ü. d. M.) Rosenheimer Becken angekommen. Es wurde vom Inngletscher geschaffen, wobei der ehemalige Beckenboden bei Bad Feilnbach rund 80 Meter, westlich von Neubeuern sogar 300 Meter tiefer liegt, und jetzt mit spätglazialen Seetonen und Schottern aufgefüllt ist. Hier bestand im Spätglazial ein 35 Kilometer langer, fast bis Wasserburg reichender Stausee. Dieses Seebecken ist halbkreisförmig von den ausgedehnten Rückzugs-Moränenwällen des Inngletschers umgeben (s. Geol. Karte). In den Bänden 26 und 27 der »Wanderungen in die Erdgeschichte« haben R. DARGA und J. WIERER den Inn-Chiemsee-Gletscher detailliert dargestellt.

Östlich von Bad Feilnbach führt unser Radweg am Südrand der weiten Moore und Filze entlang,
die sich auf den Wasser stauenden Seetonen gebildet haben. In Kirchdorf geht es über die junge, C25
spätglaziale Schotterterrasse zu den holozänen (nachglazialen) Inn-Auen hinunter.

C25. Panorama von Großholzhausen vor dem Ausgang des Inntals; im Hintergrund der verschneite Zahme und Wilde Kaiser (s. Profil Seite 71).

Der Inn ist heute vor der Staustufe Rosenheim leider nur ein von Dämmen eingezwängter Kanal ohne jeglichen Wildflusscharakter. Auch die ehemaligen Auenwälder sind weitgehend verschwunden. Jenseits des Inns zeugt in Altenmarkt vor Auers Schlosswirtschaft eine alte Plätte von der ehemals
C28 bedeutenden Innschifffahrt. Sie wurde als Fähre über den Inn bis 1967 benutzt (eine größere Plätte steht am Inn in Rosenheim). Diese Plätten wurden z. T. hier gebaut. Eine bildliche Darstellung der Inn-Flößerei zeigt die Lüftlmalerei am Gasthof Stangenreiter am Marktplatz von C27
Neubeuern. Der Marktplatz besticht durch seine schönen Bürgerhäuser mit Fas- C29
sadenmalereien zu Füßen des Schlossberges. Dieser besteht hauptsächlich aus roten Kalksandstein-Felsen, die aufgrund der darin vorkommenden Nummuliten (Großforaminiferen) ins frühe Tertiär (Eozän) des Süd-Helvetikums (Kressenberger Schichten) eingestuft werden können. Von der Schlossterrasse des Gymnasiums hat C32
man einen herrlichen Blick ins Inntal (links der Heuberg,

C26. Innbrücke mit JOHANNES NEPOMUK*, im Hintergrund der Heuberg.*

C27. Darstellung eines Innzuges am Gasthof Stangenreiter in Neubeuern.

C28. Innplätte in Altenmarkt. Eine ausführliche Darstellung der Schifffahrt auf dem Inn bietet das Inn-Museum in Rosenheim.

C29. Marktplatz von Neubeuern mit dem Schloss auf rotem Kalksandstein-Felsen des Helvetikums (hinter dem Haus).

C30. Die Wolfsschlucht nördlich des Schlosses von Neubeuern, der ehemalige Wetzstein-Abbau in quarzitischem Grünsandstein des Alttertiärs (12).

C31. Querschnitte von Nummuliten am Westeingang zur Wolfsschlucht.

C32. Blick von Schloss Neubeuern ins Inntal.

C33. Helvetischer Roterz-Sandstein, steilstehend (Eckbichl-Mitte) (13).

C34. Ehemaliger Mühlsteinbruch in Hinterhör (eozäner Kalksandstein) (14).

C35. Assilinen (a), Muschelschalen (Chlamys; b) im Glaukonit-Sandstein (Eckbichl-Süd).

rechts der Wildbarren mit Hangverflachung bei rund 1000 Metern im Bereich der Schliffgrenze des Inngletschers). Nördlich des Schlosses wurden früher unterirdisch die steilstehenden, feinen,
quarzitischen Grünsandsteine des Paleozäns zur Wetzsteinherstellung gewonnen. Der eingestürzte C30
Abbau heißt heute Wolfsschlucht (12). Hier kann man im Westen Nummuliten finden. C31

In Altenbeuern (ehemalige Schießstätte) und Langweid (Eckbichl) wurde aus den helvetischen C33
Sandsteinen, Sandmergeln und Mergelkalken (so genannte Flöznebenschichten) zahlreiche Fossilien C35
geborgen. Neben Großforaminiferen, Muscheln und Seeigeln sind vor allem die Hartteile von Krabben, z.B. Scheren, berühmt. Der ehemalige Steinbruch am Eckbichl (Naturdenkmal) nördlich von Altenbeuern zeigt sehr schön die steilstehenden Sandsteine vom Paleozän im Norden über Alveolinenmergel und Roterzsandsteine (mit Nummuliten) bis zu den Sandmergeln und Kalksandsteinen des Flöz-Nebengesteins mit Seeigeln, Muscheln und Austern im Süden (13).

Von der Kirche von Altenbeuern fahren wir nach Hinterhör hinauf. Kurz vor dem Weiler liegt links
im Wald der tiefe, eindrucksvolle Mühlsteinbruch (14). An der Wand aus steilstehenden, grauen, C36
mittel- bis grobkörnigen Kalksandsteinen sind die Abbauspuren noch deutlich zu erkennen. Zwischen 1489 und 1860 wurden hier in harter Handarbeit Mühlsteine gewonnen. Dazu wurde zunächst der Umfang des Mühlsteins rinnenförmig herausgemeißelt. Anschießend schlug man trockene Buchenholz-Keile in den Spalt und wässerte sie so lange, bis das quellende Holz den Stein heraussprengte. Durch Feinbearbeitung entstanden die begehrten Neubeurer Mühlsteine, die vor allem als Untersteine für die Getreidemühlen weit inn- und donauabwärts verschifft wurden. Als Oberstein wurde vielfach die feste Nagelfluh der Rißeiszeit von Degerndorf westlich des Inns verwendet. Einer der Steinbrüche an der Biber ist dort noch heute in Betrieb.

Vom Steinbruch Hinterhör fahren wir nach Norden hinunter zur Straße nach Pinswang und über Sachsenkam in Richtung Rohrdorf. Am Fadenberg, an der letzten Abfahrt, zweigt ein kleiner Weg zur großen Zementwerksgrube ab (15). Dort werden die so genannten Stockletten (Eozän-Mergel) abgebaut. Die enthaltenen pelagischen Foraminiferen (besonders Globigerinen) weisen darauf hin, dass sich das Meer in diesen jüngsten eozänen Ablagerungen am Südrand Europas vertieft hat. In die grauen Mergel sind helle Lithothamnienkalkbänke eingelagert, die aus Fossilschutt und umgelagerten Knollen von Rotalgen bestehen. Geschliffen waren sie lange als »Granitmarmor« begehrt. Die Rotalgen wuchsen auf Untiefen im helvetischen Meer. Die komplizierte Geschichte der helvetischen Ablagerungen kann in den Erläuterungen zur GK 25 Bl. Neubeuern und in dem Band über Neubeuern von Hagn & Schmid (1988) nachgelesen werden. Neue Darstellung des Helvetikums siehe Lammerer et al. (2011a) und im Überblick bei Piller & Rasser (2001). Das Nord-Helvetikum des Zementwerk-Bruchs ist stark tektonisch verschuppt. Im Nordwestteil kommen in einem Sattel unter dem Stockletten die Nummuliten führenden Adelholzener Schichten heraus.

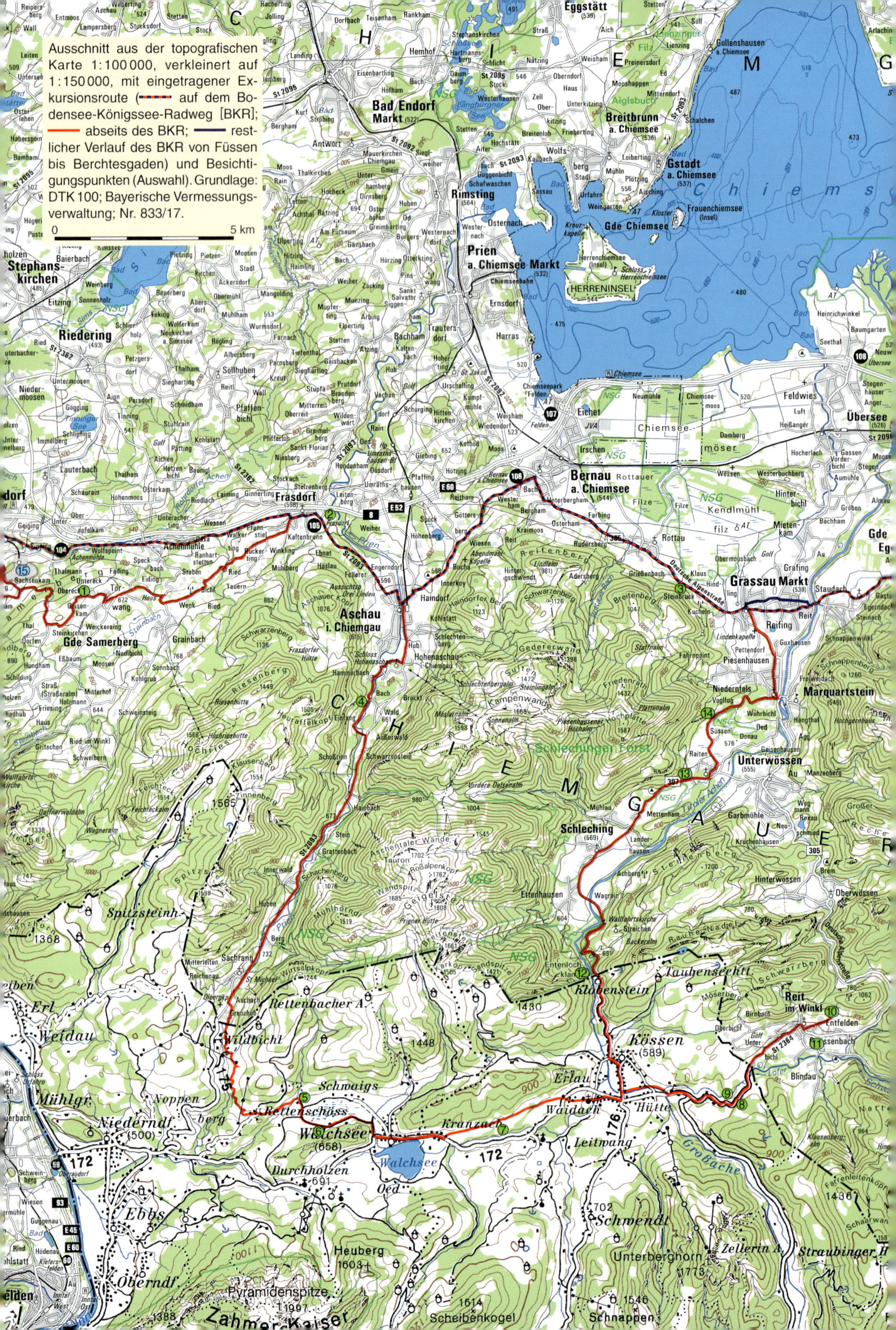

Ausschnitt aus der topografischen Karte 1:100 000, verkleinert auf 1:150 000, mit eingetragener Exkursionsroute (auf dem Bodensee-Königssee-Radweg [BKR]; abseits des BKR; restlicher Verlauf des BKR von Füssen bis Berchtesgaden) und Besichtigungspunkten (Auswahl). Grundlage: DTK 100; Bayerische Vermessungsverwaltung; Nr. 833/17.
0
5 km
Bad Endorf Markt
Rimsting
Prien a. Chiemsee Markt
Breitbrunn a. Chiemsee
Gstadt a. Chiemsee
Frauenchiemsee (Insel)
Gde Chiemsee
Herrenchiemsee (Insel)
HERRENINSEL
Eggstätt
Stephanskirchen
Riedering
Gde Samerberg
Frasdorf
Aschau i. Chiemgau
Bernau a. Chiemsee
Grassau Markt
Übersee
Marquartstein
Unterwössen
Schleching
Reit im Winkl
Kössen
Walchsee
Ebbs
Niederndorf
Erl
Schwendt
Heuberg
Pyramidenspitze
Zahmer Kaiser
Scheibenkogel
Schnappen
Kampenwand
Geigelstein
Chiemsee
Schlechinger Forst
Spitzsteinh.
Klobenstein
Wildbichl
Rettenschöss

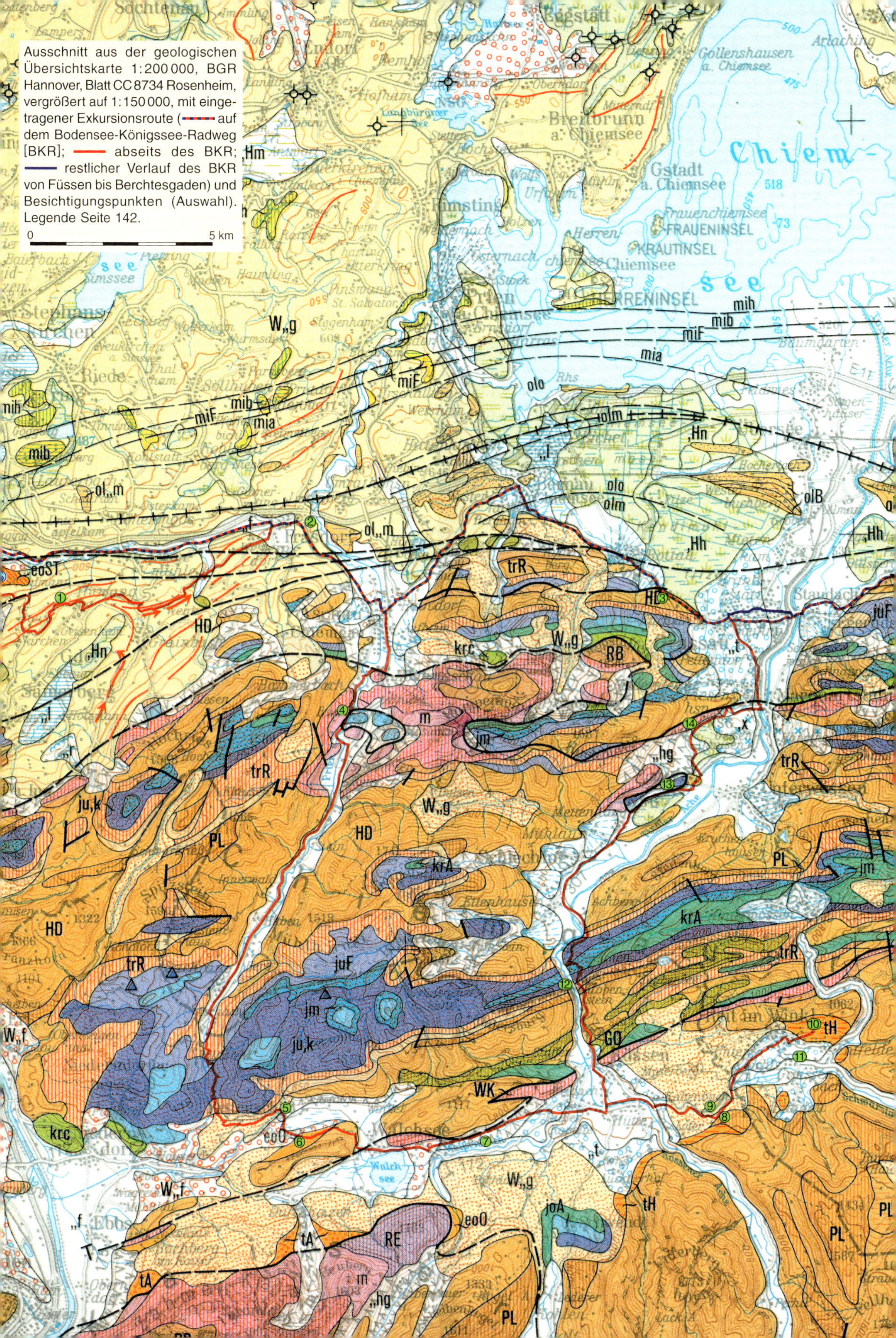

Ausschnitt aus der geologischen Übersichtskarte 1:200 000, BGR Hannover, Blatt CC 8734 Rosenheim, vergrößert auf 1:150 000, mit eingetragener Exkursionsroute (blau-rot gestrichelte Linie auf dem Bodensee-Königssee-Radweg [BKR]; rote Linie abseits des BKR; blaue Linie restlicher Verlauf des BKR von Füssen bis Berchtesgaden) und Besichtigungspunkten (Auswahl). Legende Seite 142.

D Die Chiemgauer Alpen zwischen Inn und Saalach

Östlich des Inns rücken die Kalkalpen weiter nach Norden vor und engen die Flyschzone immer mehr ein, bis sie bei Frasdorf fast vollkommen verschwindet. Insgesamt sind die westlichen Chiemgauer Alpen aber sehr schmal (ca. 10 km), erreichen nur geringe Höhen (Geigelstein 1813 m) und sind stark durch Täler gegliedert. Im Süden trennt sie die breite Senke um den Walchsee und Kössen vom höheren Kaisergebirge. Diese ehemals insbesondere von weichen Tertiär-Schichten erfüllte Senke des Kaiserwinkels wurde von den Seitenarmen der Gletscherströme des Inn- und Achentals ausgeräumt. Die Gletscherströme haben auch die Chiemgauer Alpen durchzogen und eine reich gegliederte Landschaft in Abhängigkeit von der Härte der Gesteine und ihrer tektonischen Strukturen geschaffen.

Wer einen wunderbaren Blick auf das Rosenheimer Becken und die beginnenden Chiemgauer Alpen an der Hochries werfen will, muss in Sachsenkam südlich des Rohrdorfer Bruches 200 Meter steil nach Steinkirchen am Samerberg hinauf. Das Hochtal des Samerbergs bietet eine einmalige Voralpen-Wiesenlandschaft mit alten Kirchen, Bauernhöfen und Gasthöfen. Hier sind die letzten Ausläufer
D1 der Flyschberge von mächtigen Moränen des Inn-Seitengletschers bedeckt. In der Senke südlich von Törwang hatte sich beim Rückschmelzen des Eises ein Stausee gebildet. Ein Vorläufer dieses Sees bestand schon vor über 100000 Jahren im Riß/Würm-Interglazial, seine Seeton-Ablagerungen haben bei Gernmühl die berühmten interglazialen Floren des Samerbergs geliefert. In der Warmzeit wuchsen hier Eichenmischwälder, die mit der Abkühlung wieder von Eiben- und Fichten-Tannen-Wäldern abgelöst wurden. Den schönsten Ausblick hat man von der Luitpoldeiche bei Oberegg westlich von Törwang (1). Von dort aus können wir direkt nach Frasdorf hinunterradeln. Nördlich von Grainbach überfahren wir dabei die Endmoräne des jungen Eisstausees mit der nach Nordosten anschließenden Schmelzwasser-Abflussrinne.

Wer den steilen Samerberg scheut, bleibt auf dem bequemen offiziellen Radweg am Fuß der Alpen und fährt entlang der Rohrdorfer Achen über Achenmühle nach Frasdorf. Dort sind unmittelbar südlich der Autobahnauffahrt in einer Kiesgrube die glazialen groben Schotter der Ur-Prien mit einem Eiskeil aufgeschlossen (2).

Von Frasdorf geht es ins Priental hinein und nach Aschau. Dabei bietet sich uns ein schöner Blick auf die steilen Wettersteinkalkzacken der Kampenwand. Links schließen bis zum Alpenrand Dolomitberge der Allgäu-Decke an, es fehlen die Flyschvorberge. Vor Aschau ist deutlich der Muldenbau des Kampenwand-Massivs zu erkennen: Der Wettersteinkalk des Nordflügels bildet die Gederer-

D1. Blick vom Samerberg über Törwang nach Osten auf die Hochries.

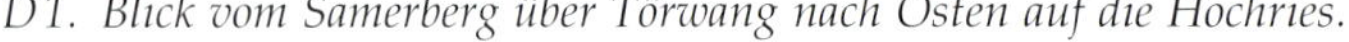

D2. Blick vom Samerberg (Steinkirchen) nach Südwesten, links der Heuberg, im Hintergrund rechts der Wendelstein.

wand, im Muldenzentrum ist der Hauptdolomitberg des Sulten erhalten, der Südflügel baut den
steilen Kamm der Kampenwand auf. Daran schließen sich im nach Süden folgenden Sattelkern die D4
Wiesen im Bereich der Partnachmergel an (Bergstation), dann ziehen die Wettersteinkalkwände D5
von der Scheibenwand zur Überhängenden Wand steil ins Priental hinunter. Unterlagert wird diese D6
harte Platte der Lechtal-Decke von weichen Gesteinen des Juras der Allgäu-Decke. Es liegt also eine
ähnliche Deckmulde der Lechtal-Deckenstirn wie am Wendelstein vor.

D3. Die Kampenwand aus steilstehendem Wettersteinkalk.

D4. Die Kampenwand über Aschau, nach links anschließend die Kampenwand-Mulde mit der Gedererwand ganz links, rechts die Scheibenwand, ebenfalls aus Wettersteinkalk.

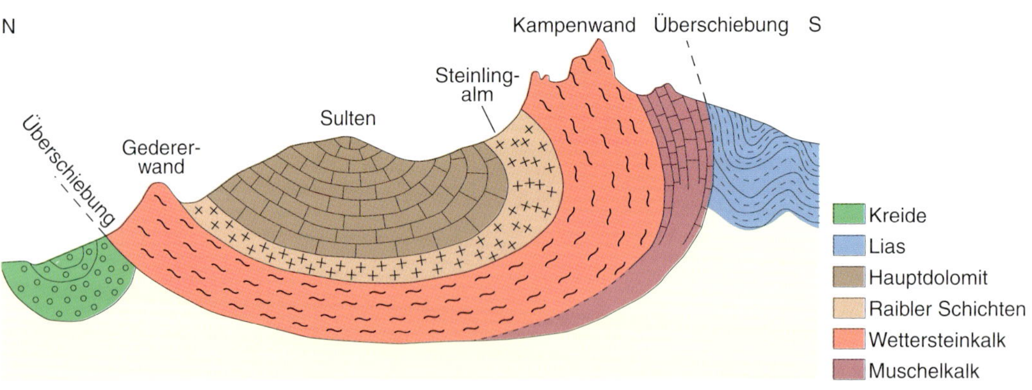

D5. Profil der Kampenwand-Mulde von Westen, Stirnmulde der Lechtal-Decke. – Nach H. SCHERZER 1936a.

Im Tal markiert der Wettersteinkalk am Schlossfelsen von Hohenaschau den Beginn der Lechtal-Decke. Unmittelbar östlich davon liegt die Talstation der Kampenwandbahn. Sie bietet uns die Möglichkeit, die interessante Geologie und Blumenwelt der Kampenwand ohne Anstrengung näher kennenzulernen. Außerdem hat man von dort oben einen wunderbaren Rundblick über den Chiemgau und weit in die Tiroler Berge. Wer den normalen Radweg nehmen will, muss von Aschau nach Norden in Richtung Bernau über meist moränenverhüllte Faltenmolasse-Hügel zum Rande des Chiemseebeckens und von dort dem Alpenrand entlang nach Grassau fahren. Hinter Rottau kann die alte Pumpstation der Soleleitung von Reichenhall nach Rosenheim besichtigt werden, mit angeschlossenem Museum, das auch auf den ehemaligen Torfabbau im großen Kendlmühlfilz eingeht (3). Wir schlagen jedoch die weitere, aber geologisch aufschlussreichere Tour von Aschau durchs Priental in Richtung Kaisergebirge und über Walchsee, Kössen und das Tal der Tiroler Achen zurück nach Grassau vor.

D6. Blick nach Aschau und ins Priental. Links des Taleinschnitts die Überhängende Wand aus Wettersteinkalk an der Stirn der Lechtal-Decke.

D7. Am Südende des »Fensters« werden die Aptychenschichten vom dickbankigen Muschelkalk der Lechtal-Decke überschoben.

D8. Oberjura-Mergelkalke steilstehend, eng verfaltet im »Fenster von Bach« (Allgäu-Decke) (4).

Wir biegen dazu vor dem Schlossfelsen nach Westen ab und erreichen über Oberweidach den Priendurchbruch durch den Wettersteinkalkriegel der Lechtal-Decke. Am höchsten Punkt steht eine Marienkapelle. Mit einer dicken Eisenkette konnte man hier das Sträßchen sperren. Südlich davon weitet sich das Priental im »Fenster von Bach«. Die weichen Aptychenschichten der Allgäu-Decke kommen nochmals zum Vorschein. Südlich der Brücke von Bach am Weg nach Einfang sind die D7
steilstehenden, grünlich-rötlichen Oberjura-Mergelkalke und Hornsteinkalke gut aufgeschlossen (4). Sie werden nach 100 Metern von den Dickbänken des Muschelkalks (tiefe Trias der Lechtal-Decke) steil nach Norden überschoben. Rund um die Talweitung von Bach zieht der untere Felsenkranz des Wettersteinkalks (Lechtal-Decke). Darüber liegt der felsarme Hauptdolomit, gekrönt von den braunen Felsspitzen des Laubensteins aus Dogger-Spatkalk. Ab Hainbach verengt sich das Tal im Hauptdolomit, der z. T. gebankt und sehr eng verfaltet am Radweg zu beobachten ist. Es fehlen in ihm die großen Felswände. Vor Sachrang weitet sich das Priental wieder im Plattenkalk, Rhätkalk und besonders

D9. Blick zum Kaisergebirge von der Abfahrt nach Rettenschöss.

den wiesenüberzogenen Jura-Ablagerungen der breiten Oberwössener Mulde. Am Wildbichl-Pass hinter Sachrang beginnt der Abstieg in den Kaiserwinkel mit dem grandiosen Blick zum Kaisergebirge und nach Kufstein. Wir wechseln jedoch schon vorher, unmittelbar südlich von Sachrang am Wirtshaus in Aschach, auf die Ostseite des Tals, um den tiefen Einschnitt des Walchentals zu umgehen. Auf dem Ökofußweg dem Hang
entlang nach Süden fahren wir schließlich steil D9
hinunter nach Rettenschöss. Kurz vorher stehen in einer Spitzkehre rötliche Liaskalke an (5).

Südlich des weitgehend verlandeten Sees von Schwaigs (Naturschutzgebiet Schwemm) stehen am Nordhang des Miesberges südwestlich des Ankerwald-Hofes die heute kaum mehr erschlossenen marinen Fossilschuttkalke, Kalksandsteine und Mergel des inneralpinen Tertiärs (Eozän, Oberaudorfer Schichten) an (6). Neben Fossilschutt wurden auch größere ganze Fossilien gefunden, z. B. Schnecken, in den Mergeln auch Nummuliten. Der Hauptdolomit des anschließenden Miesberges ist steil nach Norden auf das Tertiär aufgeschoben und gehört schon dem Tirolikum an. Er wurde am östlichen Miesberg in einem großen, heute aufgelassenen Schotterbruch abgebaut. Da Tertiärablagerungen rings um den Kaiser und in Resten auch auf ihm zu finden sind, muss im Eozän-Oligozän noch eine weite Bucht des Molassemeeres bestanden haben. Erst danach begann die zunehmende Einengung, Überschiebung und Herauspressung. Sie führte schließlich zur Herauspräparierung der harten Wettersteinkalk-Massive des Kaisers, während die weichen Tertiär-Sedimente zur Walchsee/Reit-im-Winkl-Senke ausgeräumt wurden.

D10 Am Nordufer des Walchsees sind der steil nach Süden einfallende Wettersteinkalk und Plattenkalk
des Tirolikums aufgeschoben. Wir halten uns dann nördlich der Straße und fahren über Moränenhügel bei Hallbruck steil hinunter in das von spätglazialen Schotter-Terrassen umrahmte Becken

D10. Der Walchsee in der ausgeräumten Tertiärsenke vor dem Kaisergebirge.

von Kössen. Südlich von Hallbruck sind in einer Kiesgrube auch ältere Vorstoßschotter unter den Würmmoränen zu sehen (7). Am Kohlenbach, 2 Kilometer südwestlich von Kössen, wurde früher in einem Bergwerk tertiärzeitliche Kohle gewonnen. 3 Kilometer südöstlich von Kössen liegt an der Straße nach Reit im Winkl die namengebende Typlokalität der rhätischen Kössener Schichten (8). Dort sind in der Schwarzloferklamm die gut ge-
D11 bankten Wechselfolgen von Kalken und dunklen Mergeln vorzüglich erschlossen. Auf den Bankoberseiten findet man gelegentlich massenhaft Muschelschalen, seltener Schnecken, Brachiopoden, Ammoniten und Echinodermenreste. An der scharfen Straßenkurve sind außerdem dunkle, massige Korallenkalke aufgeschlossen, in denen die hellen Kalzitröhren der ehemaligen Korallen deutlich hervortreten. Am westlichen Schluchtausgang liegen diskordant über den rund 200 Millionen Jahre alten dunkelgrauen
D12 Kössener Schichten, die heller verwitterten, feinen, mergeligen Sande des Tertiärs, die mit einer sehr groben Strandgeröllbank beginnen (Alter rund 33 Mio. Jahre; (9)). In den Meeressanden von Reit im Winkl findet man gelegentlich Muscheln, Schnecken und Fischschuppen. Im Graben oberhalb des Pötschbichl-

D11. Kössener Mergelkalke in der Schwarzloferklamm östlich von Kössen (8). – Aus DARGA *»Kleine Geologie der Steinplatte«.*

D12. Tertiär-Sand über schrägen, grauen Kössener Mergeln (9).

D13. Oligozäne Schiefermergel (a) und Kalk-Brekzien (b) oberhalb von Pötschbichl östlich von Reit im Winkl (10).

D14. *Die Klamm der Tiroler Achen nördlich von Kössen im senkrecht stehenden Plattenkalk und Hauptdolomit* ((12)).

Hofes nordöstlich von Reit im Winkl sind die steil nach Süden einfallenden, oligozänen, dunklen D13 Schiefermergel und Kalkbrekzien zu sehen ((10)). Sie enthalten z. T. auch weiße, marine Muschelschalen. Am Wimmerkreuz südlich von Reit im Winkl sind Gletschermühlen in Tertiärkalken zu sehen ((11)).

Von Kössen aus folgen wir der B 307 nach Norden entlang der Tiroler Achen in Richtung Schleching. Beim ehemaligen österreichischen Zollhaus endet das flache Kössener Ausräumungsbecken. Anschließend hat sich die Tiroler Achen in einer imposanten Schlucht zwischen Rudersburg und Rauer Nadel durch die harten Trias- und Juragesteine der Oberwössener Mulde gesägt, die hier in einmaliger Weise aufgeschlossen sind. Die wichtigsten Gesteine können auch an der oberhalb verlaufenden Straße beobachtet werden.
D14 Der tektonisch gestörte Südflügel der Mulde wird durch den mächtigen Hauptdolomit gebildet, der an der Klobensteinkapelle von steil nach Norden einfallenden Kössener Mergeln (Talerweiterung) und Riffkalken (an der Grenze) abgelöst wird. Von der Kapelle kann man bis zur Tiroler Achen absteigen und in die eigentliche, enge Entenlochklamm im Rhät-Riffkalk und den anschließenden Liaskalken blicken ((12)). Leider ist die Schlucht nicht begehbar, sodass wir an der Straße weiterfahren müssen. Das Zentrum der Mulde wird am tiefsten Punkt der Straße an der Wegabzweigung vor dem Tunnel in den Aptychenmergeln des Malms erreicht. Dann folgt am Nordflügel der Mulde das gesamte umgekehrte Profil, über rote Radiolarite und hellbraune Kieselkalke des Doggers (90 m), wenig schwarze Posidonienschiefer des Lias in einer Rinne (10 m), graue dünnbankige Hornstein- und Kieselkalke des Lias (150 m), Fleckenmergel (gut gebankte Kalk- und Tonmergel, 120 m), wenige Meter roter Liaskalk, Rhätkalk (80 m), Kössener Mergel (Bärengasse, 20 m) und schließlich zum Plattenkalk (100 m) und Hauptdolomit am ehemaligen Schlechinger Zollhaus. Von dort aus kann man 240 Meter zur Wallfahrtskirche Streichen mit Wirtshaus aufsteigen und dabei nochmals die steilstehende Schichtfolge des Nord-Flügels der Mulde bis zum Lias-Kieselkalk durchfahren.

Nördlich vom Zollhaus beginnt das breite Schlechinger Achental, das wir auf dem Achental-Radweg durchfahren. Vom Geigelsteingebiet im Westen ziehen große Hauptdolomit-Schuttfächer ins Tal. Sie sind hochwassersicher und daher gutes Siedlungsgebiet. Nordwestlich über Schleching ist deutlich die Kampenwand-Überschiebung zu sehen. Die helle Wetterstein- und Muschelkalkmauer der Lechtal-Decke schwimmt wurzellos auf weichen, begrünten Juraschichten der Allgäu-Decke.

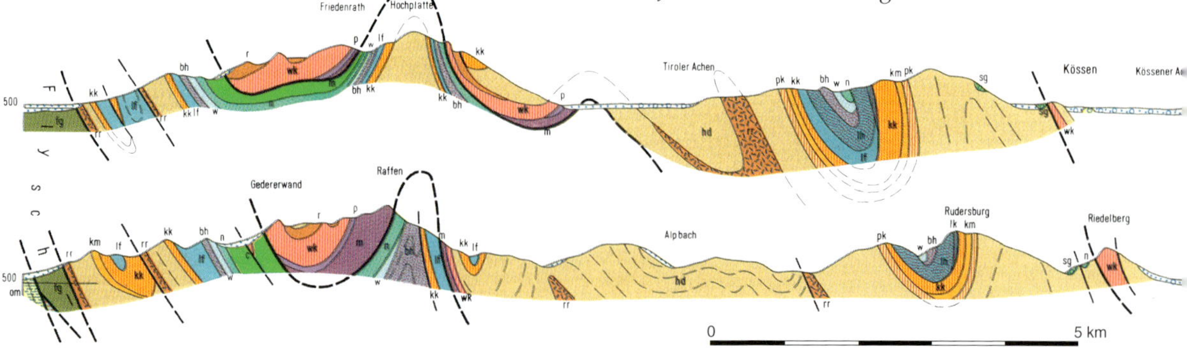

D15. *Geologische Nord-Süd-Profile östlich der Kampenwand. – Aus GK 100 Bl. Reit im Winkl. Quelle: Bayerisches Landesamt für Umwelt.*

Nordöstlich von Mettenham folgt das interessante, 11 000 Jahre alte Hochmoor des Mettenhamer Filzes, aus dessen Pollengehalt die nacheiszeitliche Waldentwicklung rekonstruiert werden konnte. An dessen westlichem Rand kommen unter den hellen Felswänden aus Wettersteinkalk und dunkelgrauem Muschelkalk dünnbankige graue Lias-Kieselkalke und Fleckenkalke zum Vorschein, die schon zur Allgäu-Decke gehören (Fenster von
D17 Raiten; (13)). Sie sind wellig verbogen, zerbrochen und mit hellen Kalkspat-Adern verheilt. Der Wettersteinkalk wurde nördlich davon bei Lanzing abgebaut (14). Er ist ebenfalls stark geklüftet, von Harnischen durchzogen und steil auf den Hauptdolomit der Allgäu-Decke aufgeschuppt.

D16. Blick von Unterwössen zur Hochplatte (Hauptdolomit der Allgäu-Decke) mit den hellen Teufelsstein-Wänden aus Wettersteinkalk der Lechtal-Decke, die eine tektonische Mulde bilden (nach links).

D17. Im Fenster von Raiten sind Lias-Kieselkalke und Fleckenkalke der Allgäu-Decke eng verfaltet (13).

In die weite vermoorte Senke südlich von Marquartstein ging am Ende der Eiszeit von der Westseite des Hochlerchs ein riesiger Bergschlipf nieder, der die Tiroler Achen zeitweise zu einem See aufstaute und noch heute an dem buckligen, unruhigen Gelände im Tal zu erkennen ist. Nördlich der Talenge von Marquartstein, die auch vom Hauptdolomit gebildet wird, beginnt das weite Chiemseebecken, dessen südlicher Teil von der Tiroler Achen schon weitgehend aufgefüllt ist.

In Grassau oder Staudach treffen wir wieder auf unseren offiziellen Radweg. Nördlich davon liegen beiderseits der Tiroler Achen weite Hochmoore (im Westen das Kendlmühlfilz, im Osten das Egerndacher Filz) auf den Seetonen des verfüllten Chiemseebeckens (Tiefe bis 250 m). Aus ihnen ragen nur die Molassehärtlinge des Buchbergs westlich der Tiroler Achen und von Osterbuchberg östlich heraus. Sie bestehen neben Mergeln aus festeren Sandsteinen und Konglomeraten der Unteren Süßwassermolasse (USM, Oligozän), die dem Eis widerstanden. Wahrscheinlich hat einmal die Ur-Achen diese groben Konglomerate ins Molassebecken geschüttet.

Heute fallen die groben Tertiärschichten nach Südwesten ein und markieren das östliche Ende der Faltenmolasse in der Bernauer Mulde. Unser Radweg folgt östlich der Tiroler Achen dem Fuß der abrupt aus den Mooren aufsteigenden Kalkalpen ohne vorgelagerte Flysch-Berge. Gleich hinter Egerndach liegen südlich von Einöd in 700 Metern Höhe hoch im Wald versteckt zwei alte Steinbrüche in den eng verfalteten Lias-Fleckenkalken und Mergelschiefern der Allgäu-Decke (15). Sie sind nur schwer von Kitzbichl aus auf einem alten weiten Weg zugänglich. Hier sind die ungeheuren Kräfte, die beim Zusammenschub der Alpen am Werke waren, deutlich zu sehen. Diese enge Verknetung kann nur in größeren Erdtiefen mit entsprechender Auflast und nicht an der Erdoberfläche entstanden sein.

D18. Jura-Rotkalk-Block in Grassau mit dem Wappen des Ortes.

Die Heraushebung und Freilegung der Gesteine im Gebirge geschah erst später. Die ehemals am tiefsten liegenden Gesteine der Allgäu-Decke haben deshalb die stärkste Verfaltung und Verschuppung erfahren. Dazu waren insbesondere die hier sehr mächtigen dünnschichtigen Jurabankkalke und Mergel geeignet.

400 Meter östlich von Avenhausen stehen die verfalteten Lias-Fleckenmergel auch direkt südlich der Straße am Radweg an ((16)). Wir fahren nun am Alpenrand gemächlich dahin, links erhebt sich hinter dem ausgedehnten Filz der letzte Molassehärtling von Osterbuchberg, dann folgt das Bergener Moos mit dem nach Norden anschließenden Moränen-Hügelland der östlichen Umrahmung des Chiemsees. In Bergen erreichen wir dieses Hügelland. Südlich davon, dort wo die Weiße Achen das Gebirge verlässt, liegt das ehemalige Eisenhüttenwerk Maxhütte (jetzt Museum). Die Wasserkraft und das Holz waren wichtig zur Roheisengewinnung. Das Eisenerz kam ursprünglich vom Kressenberg, 7 Kilometer südöstlich von Siegsdorf (Helvetikum). Die Mauern der
Eisenhütte bestehen aus zellig-poröser Raibler Rauwacke, die im Tal der Weißen Achen 1 Kilometer D20
oberhalb ansteht ((17)). D21

Von der Maximilianshütte aus sollte man unbedingt mit der Seilbahn auf den Hochfelln fahren, einer der schönsten Aussichtsberge im Chiemgau. Wer jedoch nochmals die eng verschuppten und verfalteten Gesteine der Kalkalpen von der Allgäu- bis zur Lechtal-Decke im Zusammenhang sehen möchte, sollte sich zu Fuß auf dem markierten Weg zum Gipfel durch das Tal der Schwarzen Ache machen (s. Profil Bl. Ruhpolding). Zunächst stehen im Bachbett der Weißen Achen in steiler Lagerung

D19. Blick von Grassau zum Hochgern, links oben die Schnappenkirche, rechts die Zwölferspitz.

D 20. Die ehemalige Maxhütte südlich von Bergen.

D 21. Bausteine der Maxhütte aus Raibler Rauwacke. Löcher entstanden durch Herauslösung von Gipskristallen.

geringmächtiger Hauptdolomit, Kössener Mergel und Lias-Fleckenkalk an, der an der Wegabzweigung zur Schwarzen Ache in graurot geflaserte Jurakalke übergeht. Die anschließende Schlucht wird durch die aufgeschobene, senkrecht stehende Raibler Rauwacke gebildet. Dann folgt gut gebankter Hauptdolomit, der am Hermannseck von einer Mulde von Rhät-Liasmergeln unterbrochen wird. Es schließt sich ein breites Schottertal im Hauptdolomit-Gewölbe des Gleichenberges an. Am einmündenden Tolpatschgraben folgen Kössener und Liasmergel mit Fossilien, 250 Meter südlich davon Quarzgerölle aus Konglomeraten und Mergeln des Cenomaniums (tektonische Mulde), anschließend beim Anstieg beim Wasserfall gebankte graue Jura-Kieselkalke (Sattel). Vor der Bründlingalm am Bachoberlauf folgen Aptychenschichten und dunkle Unterkreidemergel (Aptium), dann das bucklige Wiesengelände der Alm auf einer Lokalmoräne aus dem Spätglazial. Südlich der Jura-Kreide-Mulde der Bründlingalm folgen der Steilanstieg zum Hochfelln im Hauptdolomit der überschobenen Lechtal-Decke, an der Basis Schubspäne aus Rhätkalk und plattigem, rotem Knollenflaserkalk des Malms (Ruhpoldinger Marmor) an der Tröpfelwand. Am Hochfellngipfel liegen dem Hauptdolomit auch noch ein Rest von Korallenkalk des Rhäts (Hochfellnhaus) und Lias-Hornsteinkalke auf.

Vom Hochfellngipfel hat man im Nordwesten den besten Überblick über das Chiemseebecken und seine Moränenumrahmung. Im Südosten enden am Becken von Ruhpolding die niedrigen Gebirgsketten der Chiemgauer Alpen (v. a. Hauptdolomit der Lechtal-Decke). Dahinter erheben sich wuchtig die weißen Wettersteinkalkberge des Tirolikums, die am Rauschberg hinter Ruhpolding bis an den Rand der Kalkalpen vorrücken. Vor dieser Felskulisse, die sich zum Hochstaufen hinzieht, liegen wieder flache, bewaldete Flyschberge (Teisenberg). Südöstlich davon setzen schon die breiten, hohen Gebirgsstöcke der Berchtesgadener Alpen ein. Im Süden reicht der Blick vom Hochfelln über den Seehauser (Hoch-)Kienberg (Wettersteinkalk), das Dürrnbachhorn (Hauptdolomit und Plattenkalk) und die Loferer Steinberge (Dachsteinkalk) bis zu den Hohen Tauern (Kristallin).

Das Tirolikum (Staufen-Höllengebirgs-Decke) bildet zwischen dem Seehauser (Hoch-)Kienberg und den Loferer Steinbergen im Gegensatz zur eng verfalteten Lechtal-Decke nur eine weitgespannte Mulde, in der der Hauptdolomit samt Plattenkalk und Oberrhätiumkalk erhalten blieb und heute die imposanten Bergzüge des Dürrnbachhorns und Sonntagshorns sowie der Steinplatte aufbaut (s. Profil 2 der Abb. 8, S. 12; GÜK 500). Rund um den Hochfellngipfel führt ein geologisch-botanischer Lehrpfad mit 22 Erläuterungstafeln.

D 22. Nummuliten aus den Adelholzener Schichten südlich der Adelholzener Alpenquellen GmbH (18).

Ins Tal zurückgekehrt, folgen wir unserem Radweg nach Osten in Richtung Siegsdorf. Am Waldrand vor dem Anstieg nach Adelholzen werfen wir nochmals einen Blick zurück auf den scharfen Alpenrand mit den Aussichtsbergen des Hochfellns und Hochgerns. Unmittelbar südlich der Abfüllanlage der Adelholzener Primusquelle kommen unter den Moränen die fossilreichen Adelholzener Schichten zum Vorschein (18). Diese dunklen, helvetischen Mergel enthalten massenhaft bis 8 Zentimeter große, münzenförmige Kalkscheibchen. Es sind Großforaminiferen, D 22
die so genannten Nummuliten (Münzsteine), die größten Einzeller, die je gelebt haben. Ihre radiale Kammerung ist deutlich zu sehen. Sie heißen auch Maria-Ecker-Pfennige, da sie von den Wallfahrern zur Wallfahrtskirche Maria Eck (1 km südlich von Adelholzen) als Andenken gesammelt oder statt Münzen sonntags in den Klingelbeutel geworfen wurden. Vor der Einfahrt zur Abfüllanlage liegt ein größerer Block eines weiteren helvetischen

D23. Das Naturkunde- und Mammutmuseum Siegsdorf.

Gesteins, ein eozäner Rotalgen-Knollenkalk (Lithothamnienkalk aus dem Stockletten wie in Rohrdorf). In der Baugrube der Abfüllanlage waren die steilstehenden Adelholzener Schichten und Stockletten des Nord-Helvetikums erschlossen. Sie enthielten zahlreiche Fossilien.

Wir fahren nun noch zum alten Kurhaus von Adelholzen hinauf und genießen den Rückblick zum Hochfelln. Knapp oberhalb des Kurhauses liegt am Wald etwas versteckt die frei zugängliche Primus-Heilquelle. Nach einem kräftigen Schluck rollen wir erquickt in das trockene Urstromtal von Vachendorf hinunter, eine ehemalige Abflussrinne des sich zurückziehenden Chiemseegletschers. Wir biegen aber sofort in Thalham nach Osten in Richtung Siegsdorf ab. Bei der Abfahrt nach Siegsdorf verlassen wir das Gebiet des Inn-Chiemsee-Gletschers. Die Traun hat sich im eisfreien Bereich zwischen dem Chiemsee- und dem Salzachgletscher entwickelt und dort ihre Schotterterrassen hinterlassen.

Das von Dr. DARGA vorbildlich eingerichtete Südostbayerische Naturkunde- und Mammut-Museum in Siegsdorf bietet ein umfassendes erdgeschichtliches Bild des Chiemgaus und der

D24. Rotalgenkalkblock vor dem Museum.

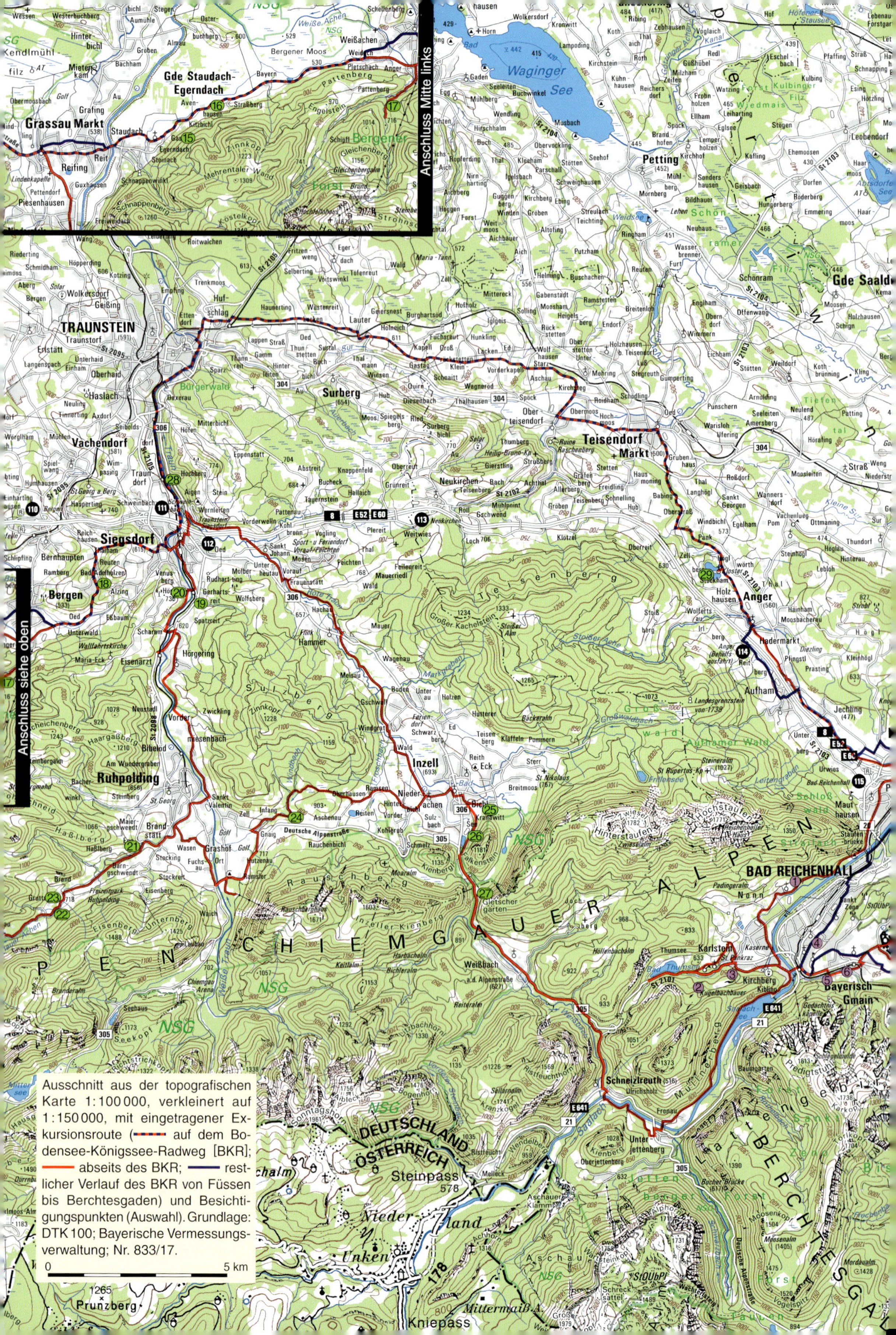

Ausschnitt aus der topografischen Karte 1:100 000, verkleinert auf 1:150 000, mit eingetragener Exkursionsroute (—— auf dem Bodensee-Königssee-Radweg [BKR]; —— abseits des BKR; —— restlicher Verlauf des BKR von Füssen bis Berchtesgaden) und Besichtigungspunkten (Auswahl). Grundlage: DTK 100; Bayerische Vermessungsverwaltung; Nr. 833/17.

0 5 km

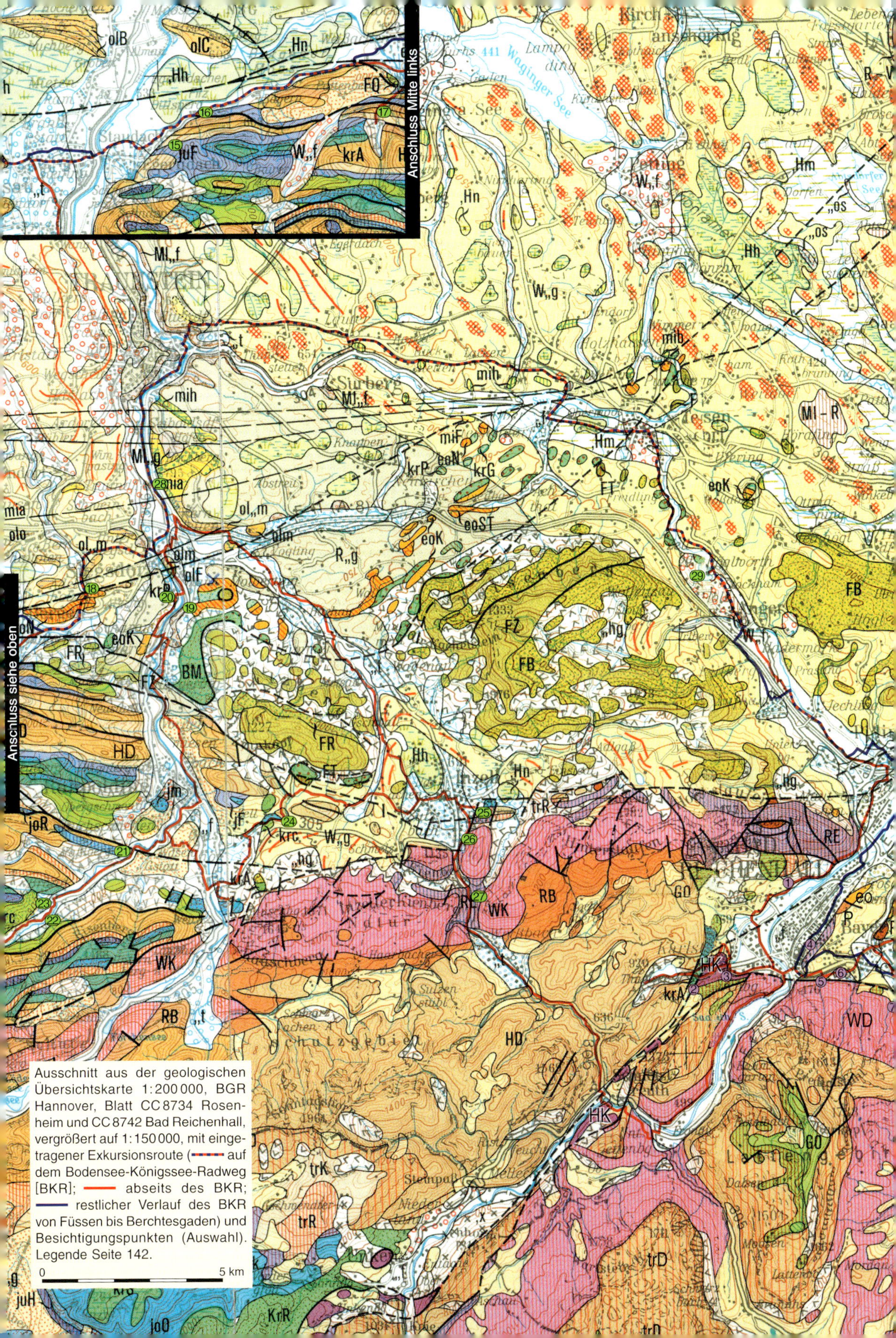

Ausschnitt aus der geologischen Übersichtskarte 1:200 000, BGR Hannover, Blatt CC 8734 Rosenheim und CC 8742 Bad Reichenhall, vergrößert auf 1:150 000, mit eingetragener Exkursionsroute (auf dem Bodensee-Königssee-Radweg [BKR]; abseits des BKR; restlicher Verlauf des BKR von Füssen bis Berchtesgaden) und Besichtigungspunkten (Auswahl). Legende Seite 142.

D26. *Die Fundstelle des Mammuts im Gerhartsreiter Graben südöstlich von Siegsdorf* (19).

Alpen allgemein. Es gibt hier ein eigenes Buch, das man unbedingt erwerben sollte. Anziehungspunkt ist im Obergeschoss vor allem das vollständige Skelett eines eiszeitlichen Mammuts, das in unmittelbarer Nähe im Gerhartsreiter Graben gefunden wurde, außerdem das Gletschermodell des Inn-Chiemsee-Gletschers. Für uns ist das Kellergeschoss besonders wichtig, denn dort wird die Entstehung der Alpen erklärt und es sind die vielfältigen Gesteine der tektonischen Einheiten des Chiemgaus in altersmäßiger Reihenfolge ausgestellt. So kann unsere im Gelände gewonnene Gesteinskenntnis kontrolliert und verbessert werden. Vor dem Museum steht eine Kugelmühle. Außerdem liegen dort mehrere große Findlingsblöcke, z. B. ein Rotalgenblock des Helvetikums. So geistig gestärkt können wir uns auf die weitere Erkundungstour entlang der Traun begeben. Wer Zeit hat, dem sei ein Abstecher nach Ruhpolding und Inzell empfohlen (s. Exkursion L in Bd. 27).

Wir nehmen den Traunradweg ab dem Bahnhof von Siegsdorf. Nur 400 Meter südlich war bei Niedrigwasser im Bett der Weißen Traun nördlich des Wehres die tektonische Grenze zwischen den dunklen Rupelium-Tonmergeln des Tertiärs (aufgerichtete Molasse) im Norden und den hellen Kalkmergeln der jüngsten helvetischen Kreide (Pattenauer Schichten des Unter-Maastrichtiums)

D25. *Steilstehende Lithothamnienkalkbank südlich von Siegsdorf* (20).

D 27. Kressenberger Schichten hinter einer Hauswand in Eisenärzt.

im Süden zu sehen (Gliederung durch Foraminiferen und Belemniten). Zwischen beiden Bereichen liegen noch etwa 20 Meter stark gestörte Mergel des Mittel-Maastrichtiums (Gerhartsreiter Schichten) und verschuppt eozäne Adelholzener Schichten. Leider ist heute alles weitgehend mit Flussgeröllen überdeckt. Diese steilstehenden helvetischen Schichten lassen sich auch 1 Kilometer weiter südöstlich im Gerhartsreiter Graben erschürfen (s. Profil GK 25 Traunstein). Dort war auch die Fundstelle des 45 000 Jahre alten eiszeitlichen Mammut-Skeletts (19). Ein kleiner Pavillon mit *D 26*
Informationstafeln erinnert daran. Daneben liegt ein großer Block aus Adelholzener Schichten, die voll mit den münzförmigen Skeletten der 45 Millionen Jahre alten Nummuliten sind. Weiter oben im nördlichen Graben liegen auch Rotalgen-Schuttmergel.

Wir überqueren die Traun und sehen am Prallhang südlich von Höpfling (100 m südlich der Kneippanlage) steilstehenden Rotalgen-Schuttkalk (Lithothamnienkalk; (20)). Er wird im Nordwesten von wasserstauenden Stockletten abgelöst (Kneippanlage). Darüber lagern die Nagelfluhblöcke der Riß- *D 25*
eiszeit, die den Scharam-Rücken aufbauen. Weiter nach Süden stehen am Brunnweg oberhalb des Forellenhofes rotbraune eisenhaltige Sandsteine an. Kurzzeitig wurden diese eozänen Kressenberger Schichten (z. T. auch eisenoolithische Nummulitenkalke) am Bahnübergang etwas südlich in einem Steinbruch abgebaut, doch der Eisengehalt war nicht genügend. Die Ortschaft Eisenärzt hat den- *D 27*
noch davon ihren Namen. Die besseren Eisenerze der helvetischen Zone kommen am Kressenberg, 7 Kilometer östlich von Siegsdorf, vor (südlich der Autobahn bei Neukirchen). Das bis 30 % Eisen enthaltende Erz wurde dort bis 1882 abgebaut, am unmittelbar anschließenden Schwarzenberg bis 1925 (ehemals salzburgisch). Östlich davon, im Tal der Oberteisendorfer Ache, existiert ein weiteres Bergbaumuseum, das Bergbaumuseum Achthal.

Im Dießelbachgraben südwestlich von Eisenärzt liegt etwa die Grenze zum Flysch. Ihm folgt der Wallfahrerweg zur Wallfahrtskirche Maria Eck hinauf. Wir kehren zurück nach Eisenärzt und fahren auf der östlichen Talseite über die rißeiszeitliche Nagelfluhkante zur würmzeitlichen Niederterrasse der Traun hinauf und folgen ihr nach Süden in Richtung Ruhpolding.

D 28. Überblick über den Bruch am Haßlberg. Vorne graue Malmkalke, im Hintergrund Reste des steilstehenden Rotmarmors (21).

D 29. Ausschnitt aus dem Ruhpoldinger Rotmarmorbruch (21).

D30. Fossilien aus dem Ruhpoldinger Rotmarmor. a–c, Ammoniten; d, Brachiopode (Pygope diphya; Tithonium); e, Abdruck einer Muschel.

Bei Gschwend überqueren wir einen Rißmoränenzug, bei Vordermiesenbach die Würm-Moräne. Darunter sind westlich davon am Steilhang zur Traun die eng verschuppten, steilstehenden Schichten der Allgäu-Decke zu sehen. Es wechseln am Fußweg Raibler Kalke, Hauptdolomit, Kössener Mergel und z. T. auch Cenomanium-Sandstein ab. Das Becken von Ruhpolding wurde vom Traungletscher vor allem in den Cenomanium-Mergeln des großen Muldenzuges im Südteil der nach Südosten abtauchenden Allgäu-Decke ausgeschürft und mit einem Moränen- und Schuttschleier überzogen.

2 Kilometer südwestlich von Ruhpolding wollen wir vor Haßlberg noch den berühmten Ruhpoldinger
Marmorbruch besuchen (Geotop-Nr. 189A021; ((21)). Dazu fahren wir entlang der Urschlauer Achen *D28*
aufwärts, durch die Talenge von Guglberg im Rhätriffkalk (Beginn der Lechtal-Decke) und biegen *D29*
rund 500 Meter weiter nach rechts zu einem einzelnen Haus ab (Fossilien- und Mineralienmuseum). *D30*
Von dort erreichen wir zu Fuß den aufgelassenen Steinbruch. Er zeigt im linken höheren Teil noch Reste der steil nach Süden einfallenden dickbankigen, roten Knollen-Flaserkalke des Oberen Malms (Tithonium). Dieses wunderbar schleifbare Gestein wurde früher in vielen Bauten verwendet; z. B. in der Kirche von Ruhpolding. Heute ist es weitgehend abgebaut. Es stehen vorwiegend die darunter liegenden, grauen, dickbankigen Malmkalke an (Klettergarten, s. BERGER 2015). Heute werden ähnliche Gesteine des Lias nur noch in Adnet bei Hallein abgebaut. Die Ruhpoldinger Malmkalke wurden auf einer Schwelle im Jura-Meer direkt auf Rhät-Riffkalken unter Ausfall von Lias und Dogger abgelagert. Zum Hangenden hin gehen sie im tiefsten Bruchteil in die ebenfalls steil einfallenden, grüngrauen, dünnbankigen Aptychenkalke der Unterkreide über, die wieder eine Meeresvertiefung anzeigen.

Wenn wir der Urschlauer Achen weiter flussaufwärts nach Südwesten folgen, so sehen wir im Bachbett südlich von Gruttau Lias-Fleckenkalke. Östlich von Gruttau steht ebenfalls im Bachbett ein mehrere Meter mächtiges Grobkonglomerat des Cenomaniums an ((22)). Noch interessanter ist nördlich davon der Märchenwald bei Brand: Dort liegen in einem romantischen Bergsturzgelände große Blöcke
aus bräunlichem Sandstein und Brekzien mit zahlreichen hellen Hornsteinsplittern ((23)). Aufgrund *D31*
darin vorkommender Orbitulinen (Großforaminiferen) haben diese Blöcke cenomanes Alter (Ober- *D32*
kreide, Branderfleckschichten). Oberhalb des Bergsturzes stehen die Brekzien über rotem Spatkalk des Doggers direkt an. Sie enthalten Gesteinstrümmer von Trias und Jura (z. B. weiße Rhätkalke, Dogger-Spatkalke oder Malm-Hornsteine). Die Brekzien gehen nach oben in Kalksandsteine mit Orbitulinen und schließlich in Sandsteine mit Mergel-Zwischenlagen über. Da diese marinen Sandsteine des Cenomaniums auf verschieden alten Schichten der Trias, des Juras und der Unterkreide liegen und sogar teilweise über die Deckengrenze hinweggreifen, muss es vorher zu ersten Faltungen,

D31. Cenomanium-Konglomerat-Bank im Bett der Urschlauer Achen (links) (22).

D32. Ein Märchenwald: Bergsturzgelände mit Cenomanium-Sandsteinblock (23).

D33. Steilstehender Dogger-Spatkalk gegenüber Infang am Windbach (24).

Überschiebungen und Hebungen gekommen sein. Das Cenomanium-Meer drang dann von Norden kommend in diese Fjordlandschaft ein und nahm den Abtragungsschutt in seiner Basalbrekzie auf. Die Südküste bildete schon der Wettersteinkalk des Tirolikums. Weitere tektonische Bewegungen folgten in der höheren Oberkreide vor Ablagerung der Gosaukreide des Coniaciums (s. Berchtesgaden, S. 113). Mit dieser eoalpinen Orogenese wurden schon die wesentlichen Strukturen und Deckengrenzen der Kalkalpen geschaffen (s. Einführung, S. 18). Die Haupt-Orogenese zu Beginn des Tertiärs hat die kalkalpinen Decken dann auf Flysch und Helvetikum überschoben und dabei ihre Strukturen verstärkt und verbogen. Die Hebung zum Gebirge geschah jedoch erst viel später gegen Ende des Tertiärs (ab 20 Mio. Jahre vor heute).

Bei der Fahrt nach Ruhpolding fiel unser Blick immer auf die steil im Süden aufragenden Wettersteinwände des Rauschbergs. Da wir nun schon so nahe an der nächst höheren tektonischen Einheit, dem Tirolikum, sind, wollen wir noch mit der Seilbahn auf den Rauschberg schweben. Dazu fahren wir bei der Rückfahrt ab Bärngschwendt bis Fuchsau direkt nach Osten und zur Talstation der Seilbahn am Taubensee. Deren Fundamente stehen noch auf den roten Knollen-Flaserkalken des Malms der Lechtal-Decke, dann beginnt

D34. Ammoniten aus dem roten Knollen-Flaserkalk und den grauen Jurakalken in Infang.

D35. Steilstehender Lias-Fleckenkalk mit Mergel-Zwischenlagen im Windbachtal östlich von Infang (24).

östlich des Sees sofort der steil ansteigende Wettersteinkalk mit großen Schuttfächern ins Tal unter den hellen Felswänden. Vom Gipfel haben wir wieder eine umfassende Rundsicht, vor allem auf die mächtigen Gebirgsstöcke der Berchtesgadener Alpen, unserem Ziel. Außerdem gibt es wieder einen geologisch-naturkundlichen Alpen-Lehrpfad mit einem Panoramabild zur Zeit der letzten Eiszeit und eine Gesteinsausstellung in der »Geologie-Hütte«. Auch der Blei-Zink-Erzbergbau im höheren Wettersteinkalk des östlichen Rauschbergs wird dargestellt.

Vom Taubensee aus steuern wir direkt den Chiemgau-Radweg in Richtung Inzell an. Er führt durch die von den Gletschern ausgeräumte und von Moränen überdeckte Jura / Kreide-Mulde der auslaufenden

D36. Panorama von Inzell. Links die Wettersteinkalkwand des Hinterstaufen, ganz rechts der Rauschberg (Nordrand des Tirolikums).

D37. Kalkbrekzie und Korallenkalk, rechts im Rhät bei Hausmann südöstlich von Inzell (25).

Allgäu-Decke. Nach Südosten verschwinden ihre weichen Schichten langsam unter der vorrückenden Wettersteinkalk-Mauer des Tirolikums. Der Taleinschnitt des Windbachs bietet jedoch ab Infang nochmals ein Profil durch den ganzen steilstehenden Jura (24). Es beginnt am letzten Haus von D33
Infang mit dem Ruhpoldinger Rotmarmor und grauem Dogger-Spatkalk (ca. 20 m). Beide enthalten D34 D35

D38. Wettersteinkalk (oben) und dunkle Partnach-Mergelkalke (unten) im alten Steinbruch östlich des Eisstadions von Inzell (26).

D 39. Grünlichgraue Salztone mit Harnisch auf hellen Kalkspatlamellen im alten Steinbruch östlich des Eisstadions von Inzell. Solche Salzgesteine waren im Untergrund das ideale Gleitmittel für Deckenüberschiebungen.

Ammoniten und stehen auch östlich des Bachs in einem alten Steinbruch an (24). Dann folgen 100 Meter Lias-Fleckenkalke mit Mergel-Zwischenlagen und schließlich 100 Meter nach der Talbiegung dunkle Kössener Mergel des Rhäts mit Kalkbänken, die Korallen und Megalodonten enthalten. Die Schichten sind am Nord-Rand der Kalkalpen stark tektonisch beansprucht, was sich in zahllosen Kalzitklüften in den Kalkbänken und den dicht gepressten, mit Harnischspiegeln durchzogenen Mergeln zeigt. Die Kössener Mergel grenzen mit einer Störung im Norden an die dünnbankigen Aptychenschichten und an verschuppten, vergrusten Hauptdolomit (s. Profil Bl. Inzell).

Das Becken von Inzell liegt dann schon in den nach Norden anschließenden weichen Flysch-Gesteinen. Es ist im Norden auch von einem würmeiszeitlichen Moränenkranz umgeben. 500 Meter südöstlich von Inzell stehen in den Vorbergen bei Hausmann nochmals Malm-Rotkalke, Dogger- D37
spat- und Rhätriffkalke des Bajuvarikums (alte Brüche) an. Südlich davon folgen direkt die steilen Wettersteinkalk-Berge des Tirolikums. Im alten Bruch östlich des Eisstadions (jetzt Freilichtbühne; 26) sind in Spalten und Klüften des Wettersteinkalks von unten aufgedrungene grün-graue Tone D38
zu sehen (linker Teil). Tonmineral-Untersuchungen wiesen sie als ehemals salzhaltige Tone aus, die den Salztonen des Haselgebirges von Berchtesgaden ähneln. Die Tone zeigen Harnische, im oberen D39
Teil ist hellerer Wettersteinkalk auf dunklere Partnachschichten mit Mergellagen überschoben.

Wer den schönsten Weg nach Reichenhall nehmen will, kann direkt der Deutschen Alpenquerstraße nach Süden durch das wilde Weißbachtal folgen (leider z. T. ohne Radweg). Dieses enge Tal hat ein Ableger des Saalachgletschers von Süden nach Norden ausgehobelt. Ein wunderbarer Gletscherschliff D40
auf Partnachkalken im Gletschergarten südlich von Zwing zeugt davon (27). Der heutige Weißbach fließt genau entgegengesetzt nach Süden in Richtung Schneizlreuth. Er hat sich von der tiefer liegenden Saalach her (nur 511 m ü. d. M.) rückschreitend in das alte Gletschertal fast bis Inzell hinauf (687 m ü. d. M.) eingeschnitten. Südlich der moränenerfüllten Talerweiterung des Ortes Weißbach (auf Raibler Schichten) zeugt davon die imposante junge Weißbachschlucht im Hauptdolomit.

D40. Gletscherschliff auf Partnachkalken im Gletschergarten südlich von Zwing im Weißbachtal (27).

Bei Schneizlreuth erreichen wir schon die Berchtesgadener Scholle. Nun führt uns der Saalachtal-Radweg wieder bequem in Richtung Reichenhall. Beidseits bildet der graue Wettersteindolomit, hier Ramsaudolomit genannt (vertritt hier auch den Wettersteinkalk), die steilen Talhänge. Da der spröde Dolomit bei der tektonischen Beanspruchung stark zertrümmert wurde, zerfällt er bei der Verwitterung rasch in unzählige kleine Bruchstücke, die als riesige Schutthalden zu Tal wandern. Östlich des Saalachsees wird dieser Dolomitschutt abgebaut. Nach oben geht der dunkle Ramsaudolomit in den hellen Dachsteinkalk über, der die Gipfel des Lattengebirges bildet (näheres s. S. 118).

Mit dieser Route haben wir uns sehr weit von unserem Bodensee-Königssee-Radweg entfernt. Deshalb schlage ich vor, ab Inzell auf dem Traun-Alz-Radweg wieder nach Norden in Richtung Siegsdorf zu fahren. Wir folgen der Roten Traun, die durch das rotbraune, saure Moorwasser aus dem Hochmoor nördlich von Inzell ihre Farbe bekommt. Sie durchschneidet die sich nach Osten immer mehr verbreiternde Flyschzone zwischen dem Sulz- und dem Teisenberg. Nach dem würmeiszeitlichen Endmoränenwall von Fantenberg und Resten einer rißeiszeitlichen Endmoräne bei Hammer erreichen wir wieder Siegsdorf, das den Nordrand des Helvetikums im Untergrund markiert. Westlich von Hammer sind in Bacheinschnitten die Mergel und Sandsteine des Südhelvetikums und Ultrahelvetikums angeschnitten (HAGN 1981).

D41. Wasserfall über Partnachkalken in der Weißbachschlucht.

Wenn wir einen Blick auf die berühmten Molasse-Ablagerungen nördlich von Siegsdorf werfen wollen, müssen wir leider auf der vielbefahrenen B306 nach Traunstein radeln. Nördlich der

D42. Geologisches Profil entlang der Traun durch die aufgerichtete Molasse südlich von Traunstein (Traunprofil von HAGN *1981)* (28).

Autobahn sind östlich der Traun am Fuß des Hochberges die bis 45° aufgebogenen Schichten der Vorlandmolasse in verschiedenen Gräben aufgeschlossen (s. Traunprofil bei HAGN 1981; Abb. D42; (28)). Dieses umfassende, über 3500 Meter mächtige Molasseprofil besteht hauptsächlich aus marinen Mergeln und enthält im Gegensatz zur Molasse weiter westlich keine limnischen Sandsteine
D42 der Unteren Süßwassermolasse, aber z. T. Konglomerate der Ur-Traun. Das Profil reicht von den oligozänen Tonmergeln im Süden bis zu den Sandmergeln (Schlier) des Ottnangiums (Miozän) im Norden. Erstere stehen an den Ufern der Roten Traun bei Wernleiten an, letztere südlich von Traunstein im Röthelbachgraben (s. Profil GK 25 Traunstein). Im mittleren Teil sind die marinen Schichten westlich von Hochberg mit groben Geröll-Lagen durchsetzt (südliche Blaue Wand). Leider sind die berühmten Fossilfundpunkte (v. a. Muscheln und Schnecken) im oberen Thalberggraben südwestlich von Hochberg kaum mehr erschlossen und auch die Fischschiefer an der Zillerleite liefern kaum Makrofossilien. Die Mikrofossilien können natürlich noch überall aus den anstehenden Mergeln ausgeschlämmt werden. Näheres enthalten die Arbeiten von HAGN & HÖLZL (1952) und GANSS (1977, Erl. Bl. Traunstein).

Am Schwimmbad von Traunstein endet die aufgerichtete Molasse. Sie wurde durch einen Molasse-Schuppenkeil im tiefen Untergrund aufgebogen, der durch das Vorrücken der alpinen Decken im

D43. Blick über Traunstein zum Hochfelln und Hochgern.

D44. Höglwörth, ehemaliges Augustiner-Chorherrenstift im Ur-Saalach-Tal, dahinter der Hochstaufen (29).

Laufe des jüngeren Tertiärs entstand (ähnlich den Duplex-Strukturen weiter westlich). Da hier stabile Sandstein-Horizonte fehlen, kam es nicht zur Bildung von Falten und Schuppen bis an die Oberfläche.

Die Altstadt von Traunstein steht auf mindeleiszeitlicher Nagelfluh, die auch östlich der Traun den Sockel der darüber lagernden Rißmoränen bildet. Letztere gehören schon zum Salzach-Moränengebiet. Bei der Auffahrt nach Ettendorf östlich von Traunstein sind beiderseits der Bahn die Nagelfluhwän-

D45. »Ölberggrotte« in der mindeleiszeitlichen Nagelfluh.

D46. Anger mit dem Hochstaufen.

de mit auflagerndem Moränenlehm deutlich zu sehen. Nach Osten schweift unser Blick nochmals zum Hochfelln und Hochgern. Rasch erreichen wir hinter Hufschlag den Würmmoränenkranz des Salzachgletschers. In aussichtsreicher Fahrt geht es nun entlang der Bahn nach Osten in Richtung Lauter und Teisendorf. Weit schweift der Blick über die Wiesen des Moränen-Hügellandes zu den bewaldeten, flachen Flyschbergen (Teisenberg) und den Zacken der Kalkalpen von der Kampenwand im Westen über den Hochgern und den Hochfelln bis zum Sonntagshorn und zu den Loferer Steinbergen im Süden. Schon bald taucht bei klarer Sicht östlich des Teisenberges und des niedrigen Högls der Untersberg östlich von Reichenhall und der Gaisberg hinter dem Salzburger Becken auf. In Oberteisendorf erreichen wir wieder den geologischen Alpenrand. Unter den umgebenden Moränenhügeln stehen Buntmergel und Kressenberger Schichten des Helvetikums an. Ein Bergbau-Museum befindet sich südlich davon in Achthal.

In Teisendorf beginnt die stark gestörte Flysch-Zone. Durch den Ort zieht die spätglaziale, periphere Abflussrinne der Ur-Saalach, die in Piding bei Reichenhall nach Norden ausbiegen musste, weil das Becken von Salzburg noch mit Eis erfüllt war. Sie erreichte über den Waginger See erst weit im Norden bei Tittmoning das eisfreie Salzachtal. Von Teisenberg aus folgen wir dem schönen Tal der Ur-Saalach nach Süden. Es wird heute nur noch von kleinen Bächen entwässert. Knapp südlich der Ortschaft weist ein Schild auf einen geologischen Lehrgarten hin.

Ein landschaftliches Kleinod bietet Höglwörth mit dem ehemaligen Augustiner-Chorherrenstift,
D44 romantisch auf einer Halbinsel, ein ehemaliger Umlaufberg, im Höglwörther See gelegen (29).
D46 Vom wiesenerfüllten, weiten Dorfplatz von Anger, von König Ludwig I. zu den schönsten Dörfern Bayerns gezählt, blicken wir über die Kirche und schmucke Bauernhäuser zum Hochstaufen und Untersberg. Anschließend rollen wir entlang der Stoißer Ache, die das Urstromtal jetzt in umgekehrter Richtung entwässert, zum heutigen Saalachtal bei Piding hinunter. Die heute durch Dämme gebändigte, kräftige Saalach führt uns in das breite Becken von Reichenhall und damit wieder in die Kalkalpen hinein. Im Hintergrund sehen wir schon die mächtigen Gebirgsstöcke des Berchtesgadener Landes mit dem Lattengebirge (»Liegende Hexe«)und links dahinter die hell schimmernden Höhen des Steinernen Meeres und des Hagengebirges.

E Berchtesgadener Alpen

Die Berchtesgadener Alpen sind das eindrucksvollste, schönste und auch gewaltigste Gebirge der Bayerischen Alpen. Ihr Aufbau ist teilweise so kompliziert, dass ihre Entstehung bis heute nicht eindeutig geklärt ist. Es sollen hier drei Deckensysteme übereinander liegen: Das Tirolikum bildet eine große Schüssel, in deren Zentrum sich noch zwei Deckschollen, die dünne, zerbrochene Hallstätter Einheit und direkt darüber die mächtige Berchtesgadener Einheit erhalten haben (Profil 1 in Abb. 8, S. 12; Abb. E2 und E3). Zur letzteren gehören die Reiteralpe, das Lattengebirge und der Untersberg. Diese mächtigen Gebirgsstöcke sind hauptsächlich aus Ramsaudolomit und gebanktem Dachsteinkalk aufgebaut und unterscheiden sich damit deutlich von dem nördlich davon gelegenen Tirolikum des Hochstaufen, der vom Wettersteinkalk geprägt wird mit nach Süden anschließendem Hauptdolomit. Schwieriger ist die Südgrenze, da dort das Tirolikum am Hochkalter oder Watzmann einen ähnlichen Aufbau hat, mit Ramsaudolomit an der Basis und gebanktem Dachsteinkalk als Gipfelbildner. Das bedeutet, dass innerhalb des Tirolikums die Trias-Fazies im tieferen Teil vom Wettersteinkalk im Norden in Ramsaudolomit im Süden übergeht, im höheren Teil dagegen vom Hauptdolomit in den Dachsteinkalk.

Die größten Probleme bereitet die dünne Hallstätter Einheit. Sie besteht aus einer meist geringmächtigen, stark gestörten, aus Einzelschollen bestehenden Folge: An der Basis liegt das bei Reichenhall und Berchtesgaden mächtige, salzführende Haselgebirge (Perm, bei Reichenhall wahrscheinlich auch noch tiefere Trias). Darüber folgen dünnbankige, meist bunte Kalke und Dolomite, die gelegentlich viele Ammoniten und Muscheln enthalten (Hallstätter Fazies). Die Hallstätter Fazies bildet z.B. südwestlich von Reichenhall in der Kugelbach-Zone eine schmale, stark gestörte Zone zwischen Karlstein und Schneizlreuth. Heute werden die Hallstätter und die Berchtesgadener Zone als Gleitdecken gedeutet, die ins tiefe Radiolarit-Becken des Oberjura-Meeres eingerutscht sind. Die Gleitungen sollen durch Hebung des Südrandes der Trias-Kalkplattform in Folge der dort einsetzenden eoalpinen Gebirgsbildung (Obduktion Abb. 11) am Rande des Meliata-Ozeans erfolgt sein und sich bis in die Unterkreide des Rossfeld-Beckens fortgesetzt haben (Risch 1993, Dorner et al. 2009). Das Wandern der Becken und die Eingleitungen von den vorrückenden Deckenstirnen dazwischen stellen Missoni & Gawlick (2011) näher, z.T. etwas verwirrend dar. Nach diesen Autoren sollen die Berchtesgadener Einheit und die nach Süden anschließenden Gebirgsstöcke des Watzmanns, des Hagengebirges usw. u.a. aufgrund der gleichen gebankten Dachsteinkalke im Jura noch als Einheit transportiert worden sein.

Erst im Eozän, während der Hauptorogenese, wurde die Berchtesgadener Einheit aus diesem höheren Tirolikum herausgepresst und anschließend im Miozän an großen Brüchen und Seitenverschiebungen zum Hochgebirge emporgehoben. (s. Geologische Übersicht in der Einleitung, S. 10).

Nun aber zurück zur heutigen Realität. Wir folgen dem Radweg westlich der Saalach und erklimmen später die Terrasse zum Wirtshaus Gablerhof. Im Norden erhebt sich steil der Hochstaufen (Wettersteinkalk des Tirolikums), dessen Fuß und Ostausläufer noch aus dunklem Muschelkalk besteht. Ein alter Steinbruch liegt westlich der Radfahrerbrücke über die Saalach. Muschelkalk und Wettersteinkalk des Hochstaufen fallen steil nach Südwesten ein. An Staffelbrüchen abgesenkt schließen sich Hauptdolomit und Rhätkalke an, die von Gosaukonglomeraten der Oberkreide (sg) diskordant überlagert werden. Die Schichten sind aber meist von Hangschutt überdeckt und

E1. Schotterbett der Traun vor Reichenhall, im Hintergrund das Müllnerhörndl.

Ausschnitt aus der topografischen Karte 1:100 000, verkleinert auf 1:150 000, mit eingetragener Exkursionsroute (— auf dem Bodensee-Königssee-Radweg [BKR]; — abseits des BKR; — restlicher Verlauf des BKR von Füssen bis Berchtesgaden) und Besichtigungspunkten (Auswahl). — Buslinie. Grundlage: DTK 100; Bayerische Vermessungsverwaltung; Nr. 833/17.

Ausschnitt aus der geologischen Übersichtskarte 1:200 000, BGR Hannover, Blatt CC 8742 Bad Reichenhall, vergrößert auf 1:150 000, mit eingetragener Exkursionsroute (---- auf dem Bodensee-Königssee-Radweg [BKR]; —— abseits des BKR; —— restlicher Verlauf des BKR von Füssen bis Berchtesgaden) und Besichtigungspunkten (Auswahl). —— Buslinie. Legende Seite 142.

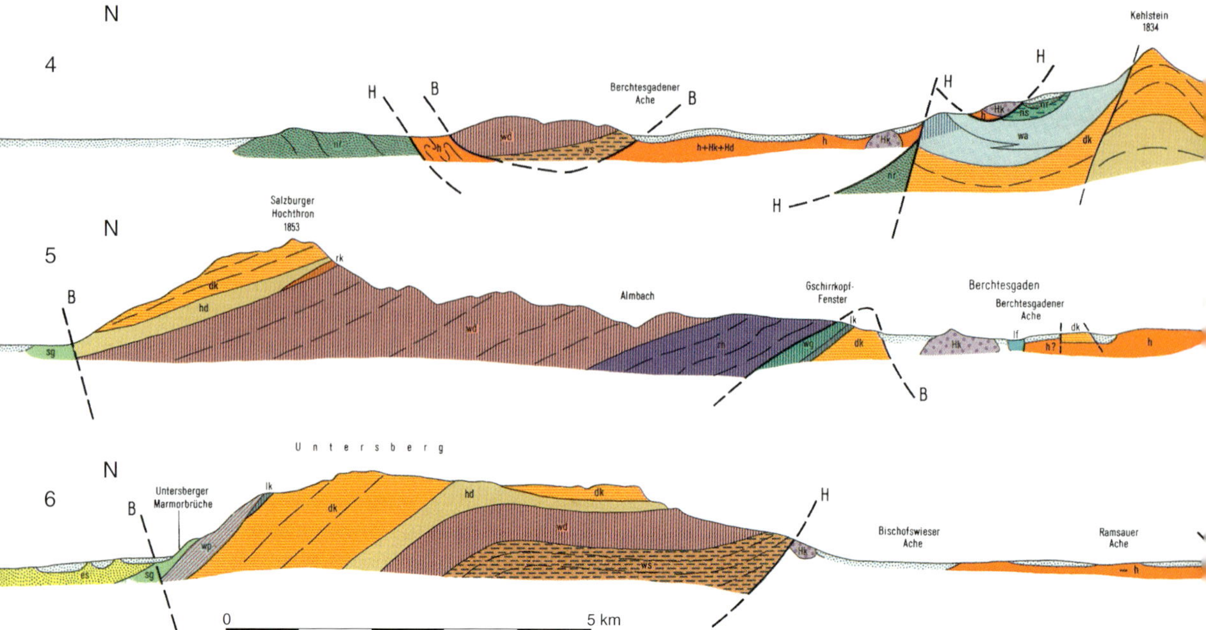

E2. Profile durch das Berchtesgadener Land zwischen dem Untersberg im Norden und dem Königssee im Süden nach der GK 100 Bl. Bad Reichenhall (BGLA). Unter der Berchtesgadener Einheit (B) des Untersberges folgt die Hallstätter Zone (H) mit den Salzlagern von Berchtesgaden (h). Nach Süden schließt das Tirolikum mit den mächtigen Dachsteinkalk-Gebirgsstöcken (dk) vom Hohen Göll über das Hagengebirge bis zum Watzmann an.

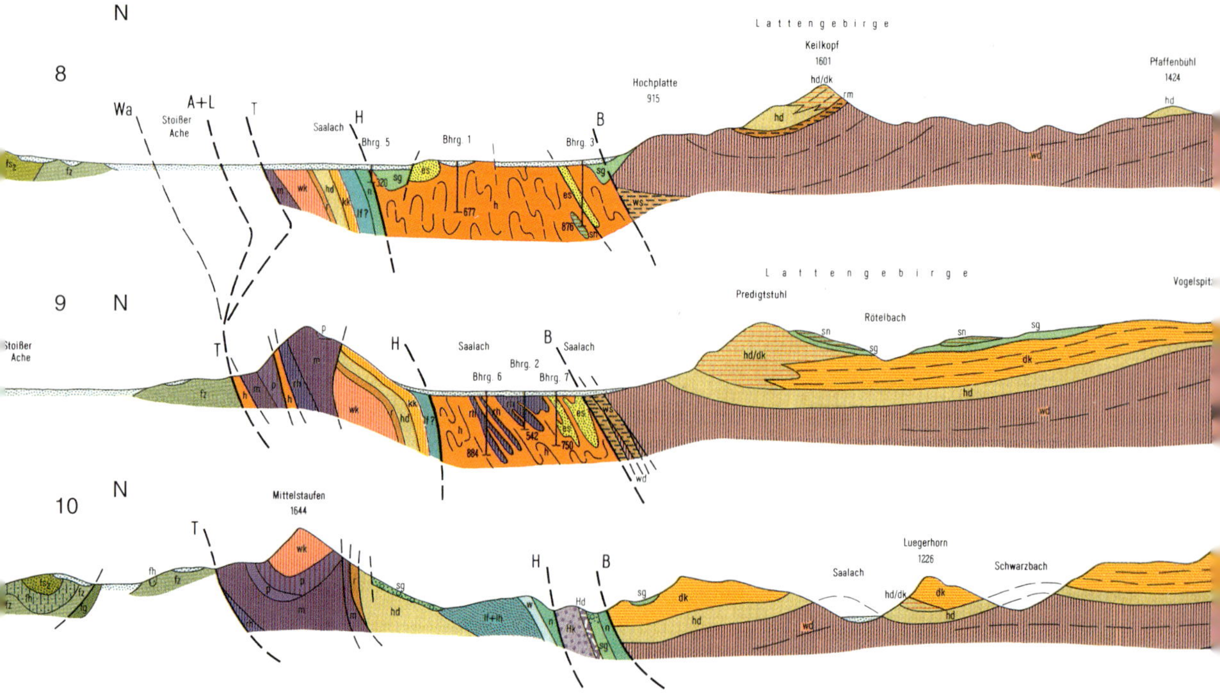

E3. Geologische Nord-Süd-Profile vom Hohenstaufen zum Watzmann und Hochkalter durch die verschiedenen Decken der Berchtesgadener Alpen. Links Flyschzone und Tirolikum (T) mit Wettersteinkalk (wk) und Hauptdolomit (hd). Nach der schmalen Hallstätter Zone (H) mit dem Reichenhaller Salz (h) folgt die Berchtesgadener Einheit (B) mit Ramsaudolomit (wd) und Dachsteinkalk (dk) samt Gosaubedeckung (sg), rechts

h, Haselgebirge; HK, Hallstätter Kalk; ws, Werfener Schichten; rh, Reichenhaller Schichten; m, Muschelkalk; wd, unterer Ramsaudolomit; rk, Raibler Kalk; hd, Hauptdolomit (= oberer Ramsaudolomit); dk, Dachsteinkalk; lk, Roter Liaskalk; nr, Roßfeldschichten; wa, Oberalmer Schichten; wp, Plassenkalk. Quelle: Bayerisches Landesamt für Umwelt.

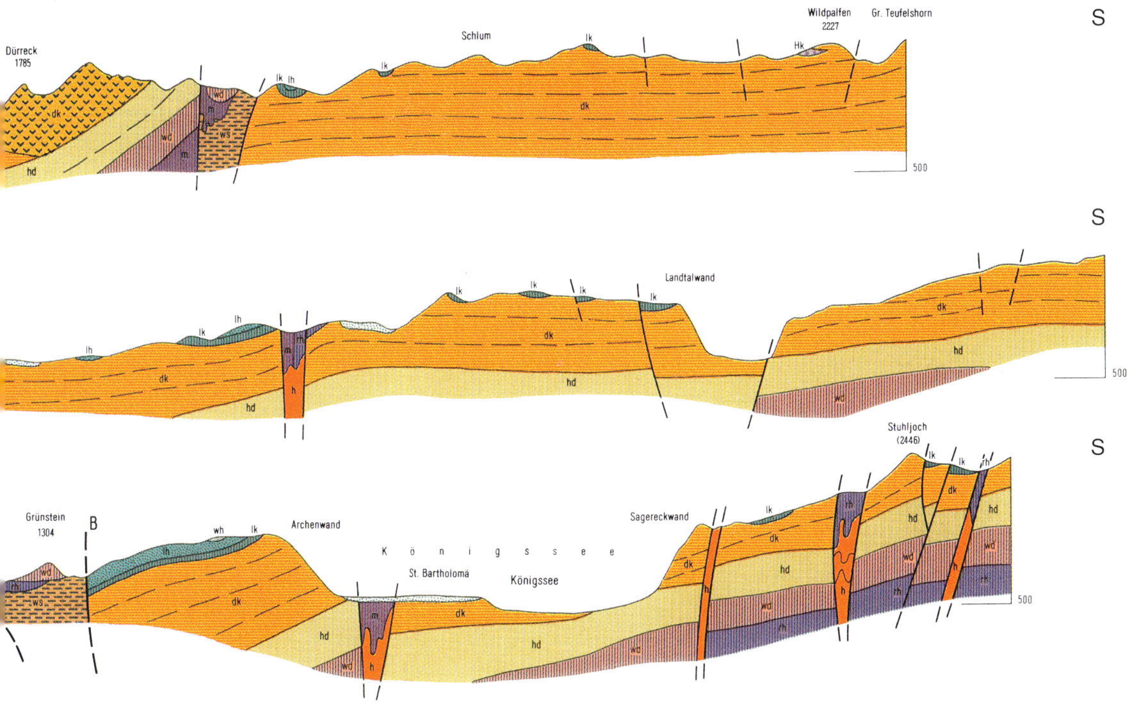

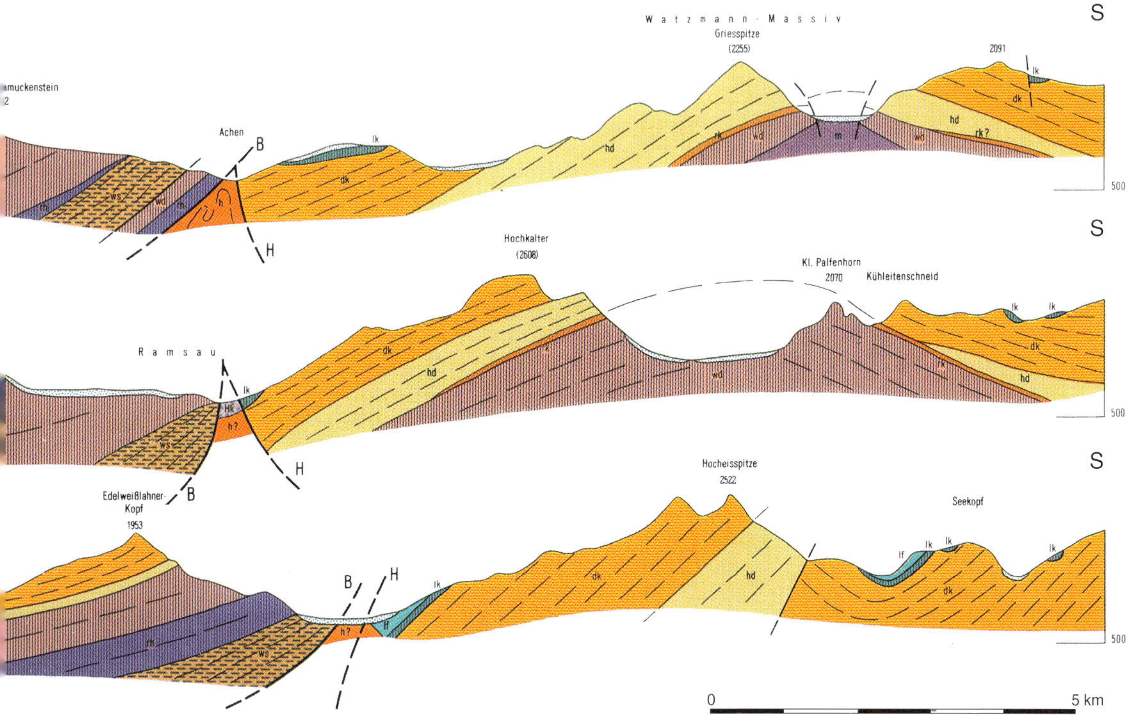

taucht das Tirolikum mit dem Dachsteinkalk und der Jurabedeckung (dunkelblau) wieder auf. Im Watzmann- und Hochkalter-Gewölbe ist darunter der Ramsaudolomit angeschnitten. – Nach GK 100 Reichenhall. Quelle: Bayerisches Landesamt für Umwelt.

E4. Blick über Reichenhall von Norden, links der Untersberg, in der Mitte der Predigtstuhl, rechts das Müllnerhörndl.

kaum zu sehen (Gosaukonglomerat nur am Weg oberhalb des Wirtshauses Gablerhof; s. Profile 9 und 10 der GÜK 100, Abb. E3).

Wir wählen den oberen Weg über das Wirtshaus Gablerhof und können von der uralten Georgskirche (seit 790; 1) aus die gesamte Reichenhaller Senke überblicken, die als breite Bucht von Salzburg
E4 her in die Kalkalpen eingreift. Im Vordergrund hat die Saalach die breite junge Talaue ausgeräumt, in der das Zentrum von Reichenhall liegt. Dahinter erhebt sich im östlichen Bereich der Bucht das von Moränen überzogene Hügelland von Großgmain. Nur gelegentlich kommt dort der geologische Untergrund heraus, am Anstieg nach Bayerisch Gmain, z. B. südlich von Sankt Zeno dunkler Reichenhaller Kalk (Untertrias), daneben vereinzelt Tonschieferbrekzien mit Salz- und Gipsresten aus dem Perm. Dieses so genannte Haselgebirge (h; alte Bergmannsbezeichnung) liegt in großer Mächtigkeit (über 1000 m) unter dem Becken von Reichenhall und liefert über den verkarsteten Reichenhaller Kalk (rh) das Salzwasser für seine Heilquellen (s. Profile 8 und 9 in Abb. E3). Es steht auch im Weißbachgraben nördlich von Großgmain an, ist dort aber schon ausgelaugt. Häufiger sind gegen Salzburg eozäne Sandsteine und Mergel (es, eo), die aber weithin von Moränen verdeckt sind.

Das wahrscheinlich von Störungen umgrenzte Becken (»pull-apart-Becken«) steigt allseits steil zu den Kalkalpen empor, im Westen jenseits der Saalach-Störung zum herausgehobenen Hochstaufen (s. o.), im Süden zum Lattengebirge und im Osten zum Untersberg. Während die Stirn des Tirolikums am Hochstaufen steil aufgerichtet ist, bilden die flachlagernden, mächtigen Ramsaudolomite und Dachsteinkalke im Lattengebirge nur eine leichte, heute hoch gelegene Mulde, in der auch noch Reste der Gosau-Sedimente (sg) erhalten sind (s. Profil 9).

Da sich die Gosau-Sedimente im Becken nicht wesentlich von denen auf dem Lattengebirge unterscheiden, kam Herm (1962) zu dem Schluss, dass damals zur Kreidezeit schon die Grundstrukturen der Deckengeometrie vorhanden waren. Die steile Heraushebung der Gebirgsstöcke und die Einsenkung des Beckens geschahen erst danach im Tertiär. Das ursrüngliche Gosau-Becken war also nur eine flache, weiter ausgedehnte Einsenkung. An seinen Rändern wuchsen zu Beginn auch Hippuriten-Riffe (s. S. 122). Der auch zur Berchtesgadener Einheit zählende Untersberg im Osten besteht auch aus Ramsaudolomit und Dachsteinkalk, ist aber im Nordteil zum Becken hin abgekippt, sodass sich an seinem Nord-Fuß noch Oberjura-Plassenkalke (wp; jo, k) und Brekzien des Untersberger Marmors aus dem Turonium und Coniacium erhalten haben (tiefere Gosau). Nach Norden schließen sich fossilreiche Flachwasser-Gosaumergel an (Coniacium bis Santonium) und dann die rötlichen Tiefwassermergel des Santoniums bis Campaniums (Nierentaler Schichten). Das Reichenhaller Gosau-Becken vertieft sich heute nach Osten gegen Salzburg, sodass die Kreide-Tertiär-Schichten bei Glanegg schon 1500 Meter mächtig werden, unter Salzburg wohl über 2000 Meter.

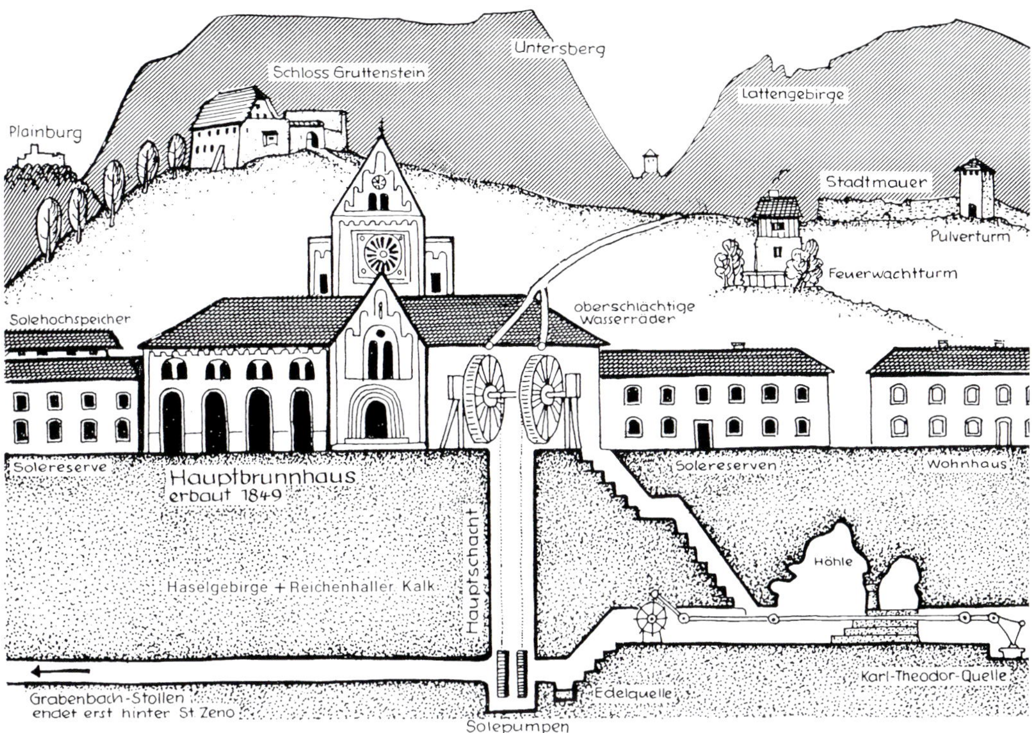

E5. Der Quellenbau der Alten Saline von Bad Reichenhall. – Aus GANSS *&* GRÜNFELDER *(1974), Geologie der Berchtesgadener und Reichenhaller Alpen, Abb. 100.*

Wir wollen uns nun der schwierigen, schmalen Hallstätter Zone südwestlich von Reichenhall zuwenden. Südlich von Karlstein bilden die in Schollen zerstückelten Kalke und Dolomite der Hallstätter Trias ein unruhiges, von Felswänden unterbrochenes, kuppiges Bergland (2). Die Ruine Karlstein *E7* und die Kirche Sankt Pankraz stehen auf weißen bis rötlichen, steilstehenden Hallstätter Kalken und Dolomiten (s. Profile 79 und 80 von GANSS & GRÜNFELDER 1974; E6). Unmittelbar westlich davon folgen jenseits der Saalach-Störung die Unterkreide-Mergel des Tirolikums, die beidseits der Straße zum Thumsee eine kleine Talerweiterung bilden (Seebichl), und nach etwas Raibler Dolomiten (stark gestört) sofort der Hauptdolomit um den Thumsee.

Zurück entlang der Straße B305 sehen wir nochmals südlich vom Gasthaus Moserwirt in Kaitl die hellen Felswände aus Hallstätter Dolomit, darüber im Sattel am Fußweg die groben Gosau-Konglomerate. 300 Meter östlich davon führt von der alten Straße ein steiler Fahrweg zur Kugelbachalm. Die Felsen an der Reischelklamm bestehen aus weißen, feinen Gosaukalk-Brekzien mit roten Punkten (Forellenmarmor; 3). Südlich davon steigt der Dachsteinkalk des Müllnerhörndls am Stirnrand der Berchtesgadener Scholle steil empor. Von der Amalienhöhe am Weg zur Kugelbachalm hat man einen schönen Blick über Reichenhall.

Wir fahren nun von Kirchberg aus über die Saalach, vorbei an der neuen Saline ins Zentrum von Reichenhall. Dort bewundern wir am Fuß des Streitbühls die alte Saline mit ihren seit über 160 Jahren ununterbrochen laufenden, riesigen Sole-Schöpfrädern (4). Im Quellenbau entspringen aus dem klüftigen Reichenhaller Kalk 11 fließende und 11 Stauquellen, deren Salzgehalt zwischen 0,75 und 25 % liegt. Die oberschlächtigen Schöpfräder werden durch Süßwasserquellen vom Hang angetrieben und pumpen die Sole der 40 Meter unter Tage liegenden Karl-Theodor-Quelle an die Oberfläche. Heute wird die Natursole auch durch über 500 Meter tiefe Bohrungen aus dem Reichenhaller Untergrund gefördert. Ein Großteil der Sole kommt jedoch auch aus Berchtesgaden und wird mittels

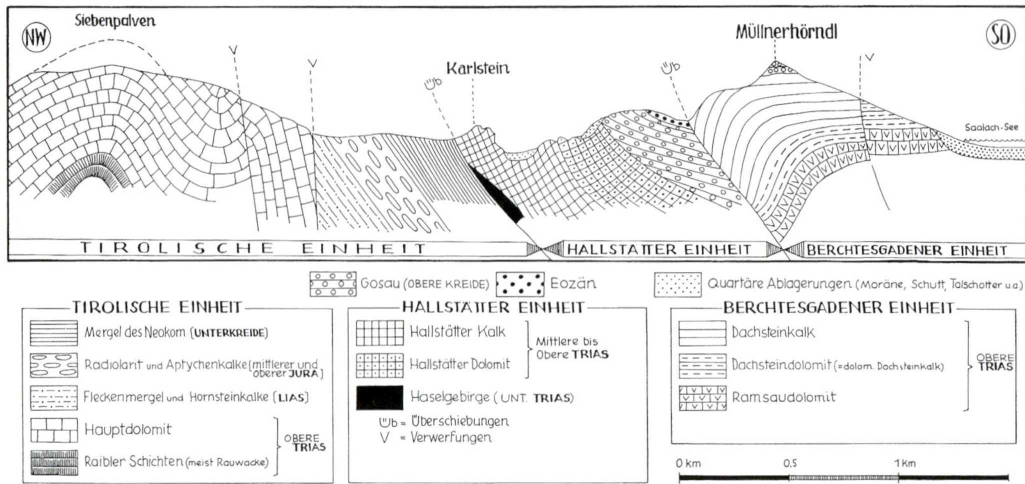

E6. Profil durch die Hallstätter Zone nordwestlich von Reichenhall zwischen Müllnerhörndl, Karlstein und Siebenpalven. – Nach GANSS & GRÜNFELDER *(1974), Abb. 80.*

Soleleitung über den Pass Hallthurm nach Reichenhall gepumpt. Dort wird sie heute in der neuen Saline im energiesparenden Unterdruckverfahren zu Salz eingedampft. Früher führten Leitungen über Inzell bis Rosenheim (s. u.). Noch heute rieselt die Sole im Gradierwerk im Kurgarten in der Nähe des Bahnhofs über Schlehenzweige und wird so durch Verdunstung vorkonzentriert. In der salzhaltigen Luft des Gradierwerkes suchen lungenkranke Kurgäste des Bades Reichenhall Heilung (Behandlung von Asthma und Bronchitis).

E7. Blick über Reichenhall nach Karlstein in Richtung Westen. Links das Müllnerhörndl, rechts die Wallfahrtskirche St. Pankraz, dahinter Hauptdolomit-Wände über dem Thumsee.

E8. Blick über Reichenhall nach Nordwesten zum Hochstaufen (Wettersteinkalk).

Wir folgen nun dem Weg südlich von Bahn und Bach (Maximiliansweg) nach Bayerisch Gmain. Auf dem halben Weg liegt ein alter, heute als Lagerplatz (Schmölzl) genutzter Gipsbruch im Haselgebirge (jetzt verwachsen, nur oben noch brekziöser, rötlicher Ramsaudolomit; ⑤). Kurz vorher sind am Bach die grünen Tone des Haselgebirges samt weißer Gipslagen zu sehen. Weiter geht es am Bach entlang bis zum ehemaligen Birkelbruch südlich von Gmain (⑥). Dort steht über dem Lagerplatz feiner weißer Gosaukalk an mit zerriebenen Fossilresten und gelegentlichen größeren Geröllen von rosa Dachsteinkalk.

Wir folgen unserem Radweg entlang der B20 in Richtung Hallthurm-Pass. Am Wirtshaus Mauthäusl zweigt ein Fahrweg nach Süden ab, der bergauf über die Bahn führt. Ab dort führt ein steiler Fußweg in Kehren zum Lattenberg, an dessen Nordhang unterhalb des Weges die bis 80 Zentimeter großen Hippuriten (sessile, dickschalige Muscheln) das berühmte Kröner Riff der Gosau-Kreide aufbauen (Klinghardt 1944, Höfling 1985), außerdem gibt es Nerineen (Schnecken) und Korallen (Geotop Nr. 172, A003, Naturdenkmal; Nose, Werner & Schweigert 1998; ⑦). Oberhalb stehen verschiedene Gosaugesteine an: rote Kalkbrekzien, rote Kalke mit Nerineen, gelbe Untersberger Kalke mit roten Tupfen und Crinoiden.

Nach dem schwer zu findenden Hippuriten-Riff am Steilhang des Lattenberges können wir auf dem Maximiliansweg neben der Bahn direkt nach Hallthurm weiterfahren. Auch die Soleleitung verläuft hier. Unter uns liegen die Kehren der Passstraße auf Moränen und großen Bergsturz-Massen. Darüber erheben sich die nach Nordwesten einfallenden, dickbankigen, hellen Dachsteinkalke des Untersberges. Westlich des Hallthurm-Passes steigt der herausgehobene und wild zerrissene dunkle Ramsaudo-
lomit zum Lattengebirge empor. Hausgroße Bergsturzmassen bedecken die Passhöhe. Südlich der E9
Moorsenke im Zentrum des ehemaligen Gletscherstroms sind schon die mächtigen Dachsteinkalk-Bergstöcke des Watzmanns und Hochkalters hinter dem »Toten Mann« zu sehen. 1 Kilometer südlich Hallthurm folgt westlich der Straße der berühmte Eisenrichterstein, das einzige eozäne (alttertiäre) Korallenriff der Kalkalpen (Darga 1991; Risch 1993, Abb. 6; ⑧). Im aufgelassenen Steinbruch am
Nordostrand des Felsens findet man direkt an der Straße in grauen, mergeligen Fossilschuttkalken, E10

E9. *Panorama mit dem Eisenrichterstein (ganz links), dem Untersberg (Mitte) und dem Nierntalkopf (rechts).*

die steil nach Osten einfallen, Korallen, Schnecken und Muscheln. Am Südfuß des Felsens liegen große Korallenkalkblöcke, die aus der Riffwand herausgebrochen sind. Unterlagert werden die in einer Lagune entstandenen Riffschuttkalke im Westen von Kalksandsteinen mit Nummuliten und dem Basalkonglomerat (s. Profil 6, GK 25 Berchtesgaden-West).

Östlich der Straße liegt im Nierntalgraben nördlich des Nierntalkopfes die Typlokalität der Nierntaler Schichten (GÜMBEL 1861; ⑨). Das sind rötliche, pelagische Mergel aus dem Campanium-Paleozän (Kreide/Tertiär), die die eozänen Korallenkalke unterlagern. Nach Süden zum Nierntalkopf hin heben darunter die stark gestörten Schichten der tieferen Gosau heraus (Glanegger Mergel und Untersberger Marmorbrekzien), ebenso vor der Dachsteinkalkwand (Gurrwand) im Osten, wo darin rieige Plassenkalk-Schollen stecken.

Wir rollen nun bequem in Richtung Bischofswiesen hinab. Rückblickend erscheint die Silhouette der
E11 »Schlafenden Hexe« in den bizarr verwitterten Dolomitfels-Türmen des nördlichen Lattengebirges. Dabei bestehen die Spitzen der Rotofen-Türme aus Dachsteinkalk (»große und kleine Montgelasnase«). Bei genauerem Hinsehen können wir auch die Steinerne Agnes erkennen, ein etwa 10 Meter hoher, pilzförmig verwitterter Felsturm aus geschichtetem Dolomit mit härteren, stärker hervortretenden, kalkigen Lagen (Dolomit direkt über den Raibler Schichten; Karnisch-Norischer Dolomit = Oberer Ramsaudolomit). Gekrönt wird das Lattengebirge vom hellen Dachsteinkalk, der vom Karkopf im Norden bis zur Vogelspitz im Süden eine durchgehende, etwas abfallende Wandflucht bildet.

E10. *Fossilschuttkalk des Eozäns vom Eisenrichterstein.*

In Bischofswiesen beginnt schon die Talweitung mit ausgedehnten Wiesen. Wir treten nun in den Berchtesgadener Talkessel ein, in

E11. Blick zum Predigtstuhl von Süden (»Liegende Hexe«).

dem die Bischofswiesener, Ramsauer und Königsseer Ache zusammentreffen. Ausgeräumt wurde dieser Kessel in den weichen Schichten der Salz führenden Hallstätter Zone, die hier eine besondere Breite und Mächtigkeit hat. Der Berchtesgadener Kessel ist jedoch nicht einheitlich und eben. Es wechseln Wiesen mit bewaldeten Felskuppen ab. Die Felskuppen bestehen aus großen Schollen von bunten Hallstätter Kalken und Dolomiten, die aus dem weichen Substrat des ausgelaugten Haselgebirges herausgewittert sind (z. B. Kälberstein, Fürstenstein und Priesterstein). Außerdem ist der Talkessel durch die drei Achen stark zerschnitten. Sie tiefen sich auch heute noch weiter ein, da die nach Nordosten abfließende Berchtesgadener Ache noch immer ein starkes Gefälle zur Salzach hin hat.

E12. Blick zum Watzmann und seinen Kindern.

E 13. Blick zum Hohen Göll.

E 14. Das Haselgebirge an der Ramsauer Ache, 2 Kilometer südwestlich von Berchtesgaden (11).

Geprägt wird das einmalige Berchtesgadener Land von den mächtigen, eindrucksvollen Bergmassiven aus
E12 Dachsteinkalk rings um den Kessel:
E13 im Südosten der Klotz des Hohen Gölls, im Süden der charakteristische Doppelgipfel des Watzmanns, im Südwesten der abweisende Hochkalter, im Westen das Lattengebirge und im Norden der Untersberg.

E15. Hellgrüne Glimmersandtone des Haselgebirges.

Zurück zu unserem Radweg: Das Haselgebirge beginnt an der Erbmühle am Nordrand von Bischofswiesen (Abzweigung nach Schwarzeck). Leider ist dort kaum etwas zu sehen. Südlich des Ortes sind beim Wasserer Moos westlich des Flusses Gipsdolinen zu finden. Südlich der Abzweigung nach Ramsau hat sich die Bischofswiesener Ache zur Tristramschlucht eingeschnitten. Dort sind an der Gipsmühle am Fluss und am Weg nach Neuhaus gelegentlich die rötlich-grünlichen ausgelaugten Salz-Tonmergel des
Haselgebirges mit weißen Gipslagen angeschnitten (10). Wir folgen dem Fußweg direkt entlang E15
der Bischofswiesener Ache, die sich immer tiefer einschneidet und zum Teil auch von glazialen Nagelfluh-Wänden begleitet wird. Nach der Einmündung der breiteren Ramsauer Ache erreichen wir rasch Berchtesgaden und blicken staunend auf die helle Felsmasse des Hohen Gölls im Osten,
die im Abendlicht oft rot erstrahlt. An der Ramsauer Ache flussaufwärts sind gute Aufschlüsse im E14
Haselgebirge (11) und in den Liaskalken (Wimbachklamm, 12). E16
E17
E18

E16. Lias-Profil durch die Wimbachklamm, 6 km südwestlich von Berchtesgaden südlich der Ramsauer Ache (12) (s. auch DIERSCHE *1980).*

E17. Gebankter Hornsteinkalk (nach links einfallend) und massiger Rotkalk im Hintergrund in der Wimbachklamm südwestlich von Berchtesgaden.

E18. Roter Adneter Kalk mit Muscheln.

Berchtesgaden bietet zahlreiche Sehenswürdigkeiten. Am westlichen Rand liegt das neue Nationalpark-Museum (Haus der Berge, Hanielstraße 7). Es führt in die einzigartige Natur um den Königssee ein. Das Ortszentrum wird vom Königlichen Schloss und der Stiftskirche geprägt, die aus dem ehemaligen Augustiner-Chorherrenstift hervorgegangen sind, welches die Erschließung des Berchtesgadener Landes einleitete.

E19. Fleckenkalk mit Rutschungen in der Wimbachklamm.

Vom Bahnhof aus empfiehlt sich eine Wanderung über den Bahnhofsweg und die Ludwig-Ganghofer-Straße hinauf zur evangelischen Kirche, die aus rotem Hallstätter Kalk vom Kälberstein erbaut ist. Man kommt dabei an einem Gletscherschliff im Hallstätter Kalk (Überdachung) vorbei.

E20

Die Kirche enthält ein Taufbecken aus rotem Liaskalk (Adneter Kalk), außerdem einen Block aus Steinsalz vom Salzbergwerk. Von der Kirche aus verläuft ein wunderbarer, aus dem Felsen gehauener Hangweg entlang der alten Soleleitung nach Norden. Ein Denkmal für Georg Friedrich von Reichenbach erinnert an den Erbauer der Soleleitung und der Pumpenanlagen. Nach einem Quertal sind die Holzröhren (Deicheln) ausgestellt. An der Locksteinwand endet die Soleleitung. Hier wurde die Sole vom Salzbergwerk Berchtesgaden mit Hilfe der Reichenbach'schen Säulenmaschine

E20. Evangelische Christuskirche von Berchtesgaden, erbaut aus Hallstätter Kalk vom Kälberstein.

E21. Salzblock in der Christuskirche von Berchtesgaden.

E22. Detail des Hallstätter Kalks an der Christuskirche von Berchtesgaden.

90 Meter heraufgepumpt und floss anschließend durch die abfallende Leitung nach Südwesten bis nach Ilsank im Tal der Ramsauer Ache; dort wurde sie ab 1817 mit der damals größten Pumpenanlage der Welt 356 Meter zum Brunnenhaus Söldenköpfl hochgepumpt und floss dann wiederum frei über den Schwarzbachsattel nach Reichenhall. Seit 1960 besteht eine neue Soleleitung über den Hallthurm-Pass direkt nach Reichenhall.

Die Soleleitung von Reichenhall nach Traunstein über Inzell wurde bereits Anfang des 17. Jahrhunderts gebaut (1617–1619) und 1809 bis Rosenheim verlängert. Grund war der enorme Holzverbrauch beim Eindampfen der Sole zur Salzgewinnung. Heute (ab 1926) wird die Sole nur noch in der neuen Saline von Reichenhall versotten. Dabei wird neuerdings Unterdruck eingesetzt, der das Wasser schon bei niedrigeren Temperaturen verdampfen lässt. Beim Abstieg vom Lockstein kommen wir vor dem Schloss noch an der Pfarrkirche Sankt Andreas (grüne Haube am Turm) vorbei, die am Seitenaltar den Heiligen RUPERT mit dem Salzfass und die Bergmannsheilige BARBARA mit Turm und Kelch zeigt.

Die größte Attraktion von Berchtesgaden ist natürlich das Salzbergwerk an seinem Nordostrand (13). Der Salzstock ist 4,5 Kilometer lang und 1,5 Kilometer breit. Die Höhe wird auf 600 Meter geschätzt, wovon derzeit 300 Meter bergmännisch erschlossen sind. Das Salz wird untertage in 5 Etagen abgebaut. Früher wurde das Salz durch Lösung mit Süßwasser in Kavernen, den so genannten Sinkwerken, gewonnen, heute geschieht das gleiche durch Bohrspülwerke unter Überdruck. Es können bis 2400 Kubikmeter Sole pro Tag gefördert werden. Das Steinsalz steht in verschlungenen, verschiedenfarbigen Salzbändern und Salzzügen an, die die ehemalige Bewegung des Salzes unter dem enormen Gebirgsdruck erkennen lassen. Unterschiedliche Ton- und Eisengehalte erzeugen die Bänderung. Das Salz wechsellagert mit weißem Anhydrit und Gips und verschiedenfarbigem Salzton. Die von oben eindringenden Bergwässer haben das Salz

E23. Gebändertes Steinsalz im Salzbergwerk von Berchtesgaden.

E24. Der Hohe Göll an der Scharitzkehlalm.

zum Teil aufgelöst, sodass das übrig bleibende, zum Teil ausgelaugte Haselgebirge zapfenartig in das verkarstete Salzgebirge eingreift. Das eigentliche Haselgebirge hat einen brekziösen Aufbau. In dem feinsandigen, grünlich-grauen Salzton schwimmen feine Trümmer von Anhydrit, Gips, Salz und auch gröbere Brocken von Dolomit und Rauwacke. Überdeckt wird alles vom vollkommen ausgelaugten Salzton (Abb. 89 von GANSS und GRÜNFELDER 1974).

Nach der Unterwelt fasziniert uns wieder die einmalige Bergwelt um Berchtesgaden. Da ist es besonders der mehrgipfelige Watzmann mit seinen Kindern. Die Erosion hat ihn aus den Schichtköpfen des steil nach Süden ansteigenden, gebankten Dachsteinkalks herauspräpariert. Dabei hat die Eiserosion an Störungen im Watzmannkar eine besondere Rolle gespielt. Die gewaltige Watzmann-Ostwand und die Schönheit des Nationalparks sind besonders bei einer Bootsfahrt über den Königssee zu genießen.

Westlich von Sankt Bartholomä taucht in der Wand unter dem hellen Dachsteinkalk gewölbeartig der dunkle, splittrig verwitternde Ramsaudolomit auf, der den Schutt für das Delta des Eisgrabenbachs in den See liefert. Am Fuß der Wand kann die Eiskapelle bequem zu Fuß erreicht werden (14). Dieser Dolomit-Schutt bildet westlich vom Watzmann im Wimbachgries noch viel größere Schutthalden. Das enge, übertiefte Trogtal des Königssees (Seetiefe bis 188 m) hat der Gletscher an einer Störungszone innerhalb des harten Dachsteinkalkes ausgeschürft. Östlich des Sees ist der Dachsteinkalk abgesenkt, sodass hier kein Dolomit mehr an die Oberfläche kommt (Profil von GANSS und GRÜNFELDER 1974, Abb. 100). Der Dachsteinkalk steigt im Osten in Stufen zum Hagengebirge an und trägt z.T. noch Reste von weichen Juraablagerungen (Almen). Nördlich des Königssees verbreitert sich mit Beginn der salzhaltigen Hallstätter Zone das Tal zur breiten Schönau. Der Untergrund ist nur selten zu sehen und wird weithin von Würm-Moräne verhüllt. Im Ort Königssee selbst liegen am Parkplatz und neben der Nationalpark-Informationsstelle mehrere riesige Findlingsblöcke aus Dachsteinkalk, die vom Eis antransportiert wurden. Von hier lohnt sich eine Fahrt mit der Bergbahn auf den Aussichtsberg Jenner, der eine umfassende Rundsicht ins Berchtesgadener Land bietet (s. SCHROTT et al. 2008).

E 25. Deckenbasis an der Scharitzkehlalm: roter Jurakalk unter überkipptem Dachsteinkalk (16).

Direkt südwestlich unterhalb des Jenners liegt in den Juraablagerungen (Mergelkalke der Tauglbodenschichten), die Verebnung der Büchsenalm, deren kuppiges Relief von den eingerutschten Dachsteinkalk-Blöcken ins Jura-Meer stammt (15). Die weichen Juraablagerungen lassen sich als Verflachung am Fuß des Jenners und Hohen Gölls nach Norden verfolgen (Strubalm und Mittelstation). Auf den Jura-Ablagerungen liegt um den Brandkopf (Ramsaudolomitfelsen im Wald gegen Berchtesgaden) noch das Haselgebirge der Hallstätter Zone. Beide sind eingeglittene Schollen ins tiefe Jurameer, ebenso vielleicht der gesamte Dachsteinkalk-Block des Hohen Gölls. Vom Jenner aus blicken wir auf seine Südabstürze am Hohen Brett, die nach den Untersuchungen von ZANKL (1969) den steil abfallenden Außenrand des ehemaligen Korallenriffs zum Tethysmeer hin markieren. Darauf deutet der grobe, dort eingeschlossene Riff-Brandungsschutt hin. Auch der Jennergipfel besteht aus Riffschuttkalk. Beim Abstieg zur Bahnstation überschreiten wir wieder die Grenze zum Oberen Ramsaudolomit, der den Sockel des Dachsteinkalks am Hohen Brett bildet und dort an einer Störung herausgehoben ist. Nach Süden schließen die ebenfalls herausgehobenen Schichten der Mittleren und Unteren Trias an, die die Senke der Torrener-Joch-Zone bilden. Die Störungszone trennt die Dachsteinkalke des Hohen Gölls im Norden von denen des Hagengebirges im Süden (Profil GK 100: Nr. 3 und 4; Abb. E 2).

An der Mittelstation der Bergbahn stehen unter Moränen-Ablagerungen die Kalke und Mergel des Oberen Juras (Tauglbodenschichten) an, die die Basis der Dachsteinkalk-Gleitdecken bilden (evtl. der
E 25 gesamte Jenner und der Hohe Göll). Die Überschiebung ist besonders gut bei der Scharitzkehlalm nordwestlich des Dürreckbergs zu sehen (16). Dort lagern überkippte Dachsteinkalke auf ebenfalls auf dem Kopf stehenden roten Jurakalken und Radiolariten. Dieser eindrucksvolle Nordwestrand des Göll-Masivs mit dem aussichtreichen Kehlstein kann vom Berchtesgaden über die Obersalzberg- und Dürreckstraße erreicht werden. Da es sehr steil nach oben geht, ist die Benutzung des öffentlichen Busses zu empfehlen. (s. BRAUN 1998, FAUPL & TOLLMANN 1979).

E26. Blick von der Oberen Ahornalm am Roßfeld zum Hohen Göll mit seinen nach Nordwesten einfallenden Dachsteinkalkbänken des Rückriffes. Ganz oben massiger Dachsteinkalk, unten das Purtschellerhaus auf Oberalmer Jurakalken.

E27. Roßfeldschichten mit eingerutschtem Dachsteinkalkblock unterhalb der Oberen Ahornalm (17).

E29. *Kugelbrunnen aus Adneter Kalk.*

E28. *Kugelmühle an der Almbachklamm.*

Mit dem Bus sollte auch eine Rundfahrt über das Roßfeld unternommen werden (Abb. 96 in GANSS & GRÜNFELDER 1974 und Profil 4 von Abb. E2). Die steil nach Norden einfallenden Dachsteinkalke vom Hohen Göll und Kehlstein werden in der Roßfeld-Mulde von den dünngebankten Oberalmer Kalken (wa, Oberjura), den Mergeln der Schrambachschichten und besonders den interessanten Brekzien, Sandsteinen und
Mergeln der Roßfeldschichten (Unterkreide) E27
überlagert. An der Roßfeldalm und an der Oberen Ahornalm liegen große Gleitschollen aus buntem Hallstätter Dolomit und Kalk auf den dünnbankigen Sandsteinen der Roßfeldschichten. Letztere enthalten auch Brekzien und sind besonders gut auf der Kammhöhe bei 1567 Metern Meereshöhe erschlossen (nordöstlich von (17)). Von dort aus hat man auch einen Blick ins Salzachtal. Der nördliche Abschnitt der Roßfeldstraße um Oberau verläuft schon wieder in der ausgedehnten Hallstätter Zone, die in Dürrnberg westlich von Hallein ein weiteres großes Salzlager enthält (mit Besucherbergwerk).

Nach diesen ausgedehnten Ausflügen um Berchtesgaden, die sich nach Westen in die wunderbare Ramsau erweitern lassen (Abb. E14 bis E19), wollen wir den letzten Abschnitt unserer Radtour von Berchtesgaden nach Norden entlang der Berchtesgadener Ache in Richtung Marktschellenberg angehen. Dazu folgen wir dem Salzradweg entlang des Flusses. Dieser verläuft zunächst entlang der Grenze zwischen Ramsaudolomit des Unterberges im Westen und dem Haselgebirge im Osten (GANSS & GRÜNFELDER 1974, Abb. 92). Ab der Almbachklamm treten westlich der Berchtesgadener Ache dann unter dem Ramsaudolomit noch die weichen, sandigen Tonschiefer der Werfener Schichten auf. Am
E28 Eingang zur Klamm sind beim Gasthaus zur Kugelmühle die letzten Kugelmühlen erhalten (18).
In diesen Wassermühlen werden verschiedene Kalkgesteine (»Marmore«) zu Schussern verarbeitet oder z. B. aus fossilhaltigen Gosaukalken (z. B. mit Schnecken der Gattung *Actaeonella*) große Kugeln geschliffen. Oberhalb der Kugelmühlen gelangt man bald zum Eingang der Klamm.

E30. Überschiebung des Ramsaudolomits auf gebankten Kalk (links) in der Almbachklamm.

E31. Rotbrauner Werfener Glimmersandstein am unteren Ende der Almbachklamm.

E32. Almbachklamm im Ramsaudolomit.

Wo das Wasser zur Kugelmühle am Wehr abgeleitet wird, stehen am rechten Ufer die Werfener Schiefer mit roten Sandsteinplatten an (sie lieferten den Unterstein für die Kugelmühle). Darüber liegt der graue felsbildende Ramsaudolomit, der steil aufgeschoben vom Almbach entlang von Klüften in einer 2 Kilometer langen, eindrucksvollen Schlucht durchsägt ist. Besonders am sehr engen Beginn gibt es große Kolke mit mehreren Metern Durchmesser, die von rotierenden, harten Gesteinsblöcken ausgeschliffen wurden. Der einmalige Klammweg wurde schon 1894 angelegt und führt über 29 Brücken bis zum Stauwerk der Theresienklause. Nördlich der Schlucht bilden die weichen Werfener Schichten unter den Schrofen des Ramsaudolomits westlich der Berchtesgadener Ache steile Wiesenhänge.

In Marktschellenberg erreichen wir die sandigen Roßfeldschichten (Unterkreide) des Tirolikums, die westlich der Berchtesgadener Ache vom Ramsaudolomit des Unterberges (Berchtesgadener Einheit) teilweise unter Einschaltung von Haselgebirge überschoben sind. Aufgeschlossen sind die Mergel und Sandsteine der Roßfeldschichten im großen Steinbruch Leube südöstlich von Gartenau-Sankt Leonhard (19). Die z. T. steilstehenden Schichten gehen dort nach Osten in die mergeligen Schrambachkalke der Unterkreide und dann in die Oberalmer Kalke des Oberjuras über. Nach PLÖCHINGER (1974) enthalten die Oberalmer Kalke auch Reste von umgelagertem Haselgebirge. Diese so genannten Tonflatschen-Brekzien an ihrer Basis sind auch ein Beweis für Eingleitungen ins Oberjura-Meer durch tektonische Bewegungen. Im Steinbruch sind die Oberalmer Schichten z. T. auch steil aufgewölbt, was auf einen diapirischen Salzauftrieb, verursacht durch unterlagerndes Haselgebirge hindeutet.

Bei Sankt Leonhard treten wir ins weite Salzachtal ein. Sein Untergrund besteht aus bis 300 Meter mächtigen spätglazialen Seetonen mit Schotterdecke, die nach dem Rückzug des Eises von Schmelzwasserströmen in den Salzburger See geschüttet wurden. Dieser See reichte ursprünglich von Tittmoning bis Golling und hatte damit die Größe des Gardasees. Sein Seespiegel lag bis 80 Meter über dem heutigen Talniveau. Erst große Dammbrüche am Seeende senkten den Wasserspiegel schrittweise ab. Dieser See reichte auch bis ins Reichenhaller Becken. Er wurde rasch durch die Salzach und Saalach aufgefüllt.

Wir folgen dem Nordrand des Untersberges über Grödig und Glanegg nach Fürstenbrunn. Westlich davon befinden sich die berühmten Brüche im Untersberger Marmor, die schon König LUDWIG I. für seine griechischen Bauten nutzte, z. B. an den Propyläen in München (Abb. HERM & ALTENBACH 1995, Abb. S. 20; Profil WEIDICH & WEIDICH 1991 Abb. 3, Jahresbericht Bayerische Staatssammlung 1991; (20)). Über Plassenkalk des Oberjuras stehen dort bis 40 Meter Untersberger Marmor an, der hangparallel nach Norden einfällt. Auf einem geringmächtigen Basalkonglomerat folgen marine, helle Gosaukalke (Oberkreide). Es sind Schuttkalke mit zerriebenen Gesteins- und Fossilbruchstücken, die lagenweise Gerölle von kalkalpinen Gesteinen (v. a. aus Plassenkalk und Dachsteinkalk) enthalten. Die Gerölle sind vor allem von Bohrmuscheln angebohrt und bezeugen Flachwasserbedingungen am Rande des vordringenden Gosau-Meeres. Besonders begehrt ist der rötliche »Forellenmarmor«, der rote Bauxit-Gerölle in einer hellen Kalkgrundmasse enthält.

E 33. Wasserfall in der Almbachklamm im Ramsaudolomit.

Nach Norden werden die steil einfallenden Gosaukalke jenseits der Straße am Kühlbach von den Mergelkalken der Oberen Gosau überlagert, die dann ab dem Obercampanium von den rötlich-grünlichen Nierentaler Mergeln abgelöst werden. Diese bis 1200 Meter mächtigen Ablagerungen des meist tieferen Wassers sind im Kühbachgraben aufgeschlossen und reichen über das Paleozän bis ins Eozän des Alttertiärs ((21)). Nach oben schalten sich immer mehr Sandsteine des Eozäns ein, die auf eine Meeresverflachung hindeuten (s. Plainberger Sandstein östlich von Reichenhall). Von den Fürstenbrunner Brüchen radeln wir am Nordrand des Untersberges zurück nach Bad Reichenhall.

Literatur zu den Exkursionen

BAYERISCHES GEOLOGISCHES LANDESAMT (1998): Geologische Karte von Bayern 1:25000, Nationalpark Berchtesgaden. – München.

BERGER, G. (2015): Ammoniten aus dem oberen Malm (Tithonium) von Ruhpolding (Obb.). – J. Mitt. 2014; Naturhist. Gesellschaft, Nürnberg.

BODEN, K. (1935): Geologisches Wanderbuch für die Bayerischen Alpen. – Stuttgart.

BRAUN, R. (1998): Die Geologie des Hohen Gölls. – Nationalpark Berchtesgaden, Forschungsber. 40, S. 192; Berchtesgaden.

DARGA, R. (1991): Rekonstruktion obereozäner Riffe SO-Bayerns. – Jb. u. Mitt. d. Bay. Staatssgl. Pal. histor. Geologie 1990, 19: 31-38; München.

– (2012): Kleine Geologie der Steinplatte. – 60 S.; München (Pfeil).

DARGA, R. & J. F. WIERER (2009): Auf den Spuren des Inn-Chiemsee-Gletschers. – Wanderungen in die Erdgeschichte, 26 und 27; München (Pfeil).

DIERSCHE, V. (1980): Die Radiolarite des Oberjura im Mittelabschnitt der N. Kalkalpen. – Geotekt. Forschungen, 58: 217 S.; Stuttgart.

DOBEN, K. & R. FISCHER (1982): Der Jura der Bayerisch-Tiroler Kalkalpen. – DUGW, Jahrestagung, Exkursionsführer; München.

DORNER, R., R. HÖFLING & H. LOBITZER (2009): Nördliche Kalkalpen in der Umgebung von Salzburg. – Jb. Mitt. Oberr. geol. Ver., N.F. 91: 317-366; Stuttgart.

EGGER, H. (2016): Lebensräume. – Ausflüge in die Erdgeschichte von Salzburg und Oberbayern. – Salzburg (Verlag Anton Pustet)

FAUPL, P. & A. TOLLMANN (1979): Die Roßfeldschichten. – Ein Beispiel für Sedimentation im Bereich einer tektonisch aktiven Tiefseerinne aus der Kalkalpinen Unterkreide. – Geol. Rundschau 68, 93-120.

GANSS, O. (1977): Geologische Karte von Bayern 1:25000, Bl. 8141 Traunstein. – München (BGLA).

GANSS, O. & S. GRÜNFELDER (1974): Geologie der Berchtesgadener und Reichenhaller Alpen. – 152 S.; Berchtesgaden (Plank-Verlag).

GÜMBEL, C. W. (1861): Geognostische Beschreibung des Bayerischen Alpengebirges und seines Vorlandes. – Gotha (Justus Perthes).

HAAS, U. (2002): Tektonische und fazielle Untersuchungen zur Klärung des Deckenbaues zwischen Allgäu- und Lechtal-Decke vom Ammergebirge bis zu den Tannheimer Bergen. – Dissertation München.

HAGN, H. (1979): Maria-Ecker-Pfennige – Versteinerungen aus dem Chiemgau als Wallfahrtsandenken. – Volkskunst, Z. f. volkst. Sachkultur 3: 167-175.

– (1981): Die Bayerischen Alpen und ihr Vorland in mikropaläontogischer Sicht. – Geol. Bav. 82: 408 S.; München

HAGN, H. & R. DARGA (1989): Zur Stratigraphie und Paläogeographie des Helvetikums im Raum Neubeuern a. Inn. – Mitt. Bay. Staatsslg. Paläont. hist. Geol. 29: 257-275; München.

HAGN, H. & O. HÖLZL (1952): Geologisch-paläontologische Untersuchungen in der subalpinen Molasse im östlichen Oberbayern zwischen Prien und Sur. – Geol. Bav. 10: 1-208; München.

HAGN, H. & R. SCHMID (1988): Fossilien von Neubeuern. – 107 S.; Neubeurn.

HAGN, H. & P. WELLNHOFER (1973): Der Kressenberg – eine berühmte Fossillagerstätte. – Jb. Ver. z. Schutz d. Alpenpflanzen u. -Tiere 38: 1-35; München

HERM, D. (1962): Die Schichten der Oberkreide (Gosau) im Becken von Reichenhall. – Z. dt. geol. Ges. 113: 320-338; Hannover.

HERM, D. & A. ALTENBACH (1995): Exkursion zur Geologie und Statigraphie der Berchtesgadener und Salzburger Alpen. – Manuskript, Institut f. Pal. u. hist. Geologie; München.

HEYNG, A. M. (2012): Neugliederung der Adelholzener Schichten (Eozän, Nordhelvetikum) im Raum Siegsdorf. – Doc. naturae, 186: 105 S.; München.

HILLER, W. (Hrsg.) (2015): Tegernseer Tal. Naturkundliche Wanderungen. – München (Pfeil).

HÖFLING, R. (1985): Faziesverteilung und Fossil-Vergesellschaftung im karbon. Flachwassermilieu der alpinen Oberkreide (Gosau). – Münchner geol. Abh. A3: 240 S.; München.

HÖLZL, O. (1962): Die Molluskenfauna der Oberbayer. marinen Oligozänmolasse. – Geol. Bav. 50: 275 S.; München.

KELLERBAUER, S. (1996): Geologie und Geomechanik der Salzlagerstätte Berchtesgaden. – Münchner Geol. H. B2: 1-101; München.

KELLERBAUER, S. (2003): Geologie und Bergbau im alpinen Salinar von Berchtesgaden. – Exk.-Führer Veröff. Ges. Geowiss. 222: 105-116.

KLEBELSBERG, R. (1913): Geol. Notizen vom bayer. Alpenrand. – Z. f. Gletscherkunde, 7: 225–259; München.

KOCKEL, G. W., M. RICHTER & H. G. STEINMANN (1931): Geologie der Bayer. Berge zwischen Lech und Loisach. – Wiss. Veröff. d. D. u. Ö. Alpenvereins 10: 232 S.; Innsbruck.

KLINGHARDT, I. (1944): Das Körner Riff (Gosau-Schichten) im Lattengebirge. – Mitt. Geol. Ges. Wien 35: 179–213; Wien.

LANGENSCHEIDT, E. (1994): Geologie der Berchtesgadener Alpen. – 160 S.; Berchtesgadener Anzeiger.

MANDL, G. W. (2000): The Alpine Sector of Tethyan shelf – Examples of Triassic to Jurassic Sedimentation and Deformation from the Northes Calcareous Alps. – Mit. Österr. Geol. Ges. 92 (1999); 61–78; Wien.

MEYER, R. K. F. & H. SCHMIDT-KALER (1997): Auf den Spuren der Eiszeit südlich von München. – 8 und 9; München (Pfeil)

NASEMANN, P. (1994): Lebensraum Füssener Lech. – Eine kleine Heimatkunde. – 106 S.; Füssen (DAV).

NOSE, M., W. WERNER & G. SCHWEIGERT (1998): Besuchenswerte fossile Riffe. – Profil 13: 117–120; Stuttgart.

ORTNER, H., F. REITER & R. BRANDNER (2006): Kinematics of the Inntal shear zone – sub-Tauern ramp fault system and the interpretation of the TRANSALP seismic section, Eastern Alps, Austria. – Tectonophysics, 414: 241–258.

PLÖCHINGER, B. (1974): Gravitativ transportiertes permisches Haselgebirges in den Oberalmer Schichten (Tithon). – Verh. Geol. B.-A., 71–88; Wien.

RISCH, H. (1988): Zur Sedimentationsabfolge u. Tektogenese der Gosaukreide im Reichenhaller Becken. – N. Jb. Geol. Pal., Mh. 1988: 293–313; Stuttgart.

– (1993): Geologische Karte von Bayern 1 : 25 000, Bl. 8343 Berchtesgaden West. – 132 S.; München (BGLA).

SCHAUBERGER, O., H. ZANKL, R. KÜHN & W. KLAUS (1976): Die geologischen Ergebnisse der Salzbohrungen im Talbecken von Bad Reichenhall. Geol. Rdsch. 65/2: 558–579.

SCHERZER, H. (1936a): Geologisch-botanische Wanderungen durch die Alpen. 3. Bd., Oberbayerische Alpen; 4. Bd., Berchtesgadener Alpen. – München (Köfel und Pustet).

– (1936b): Geologisch-botanische Wanderungen durch die Alpen. 4. Bd., Berchtesgadener Alpen. – München (Köfel und Pustet).

SCHOLZ, H. & W. ZACHER (1983): Geologische Übersichtskarte 1 : 200 000, Bl. CC 8726, Kempten (Allgäu); BGR Hannover.

SCHROTT, L. et al. (2008): Salzburg und Umgebung, Neun Geologische Exkursionen. – Band 1; Univers. Salzburg (Kiebitz).

STEPHAN, U. & R. HESSE (1966): Geologische Karte von Bayern 1 : 25 000, Bl. 8236 Tegernsee. – 304 S.; München (BGLA).

WEIDICH, B. K. & K. WEIDICH (1991): Geologische Spaziergänge in und um München, Der Königsplatz. – Jb. u. Mitt. 1990, Freunde d. Bayer. Staatsslg. Pal. hist. Geol. 19: 39–54, der Untersberg; München.

WOLF, H. (1972): Die Tektonischen Verhältnisse des Wendelsteingebietes (Bayer. Kalkalpen). – N. Jb. Geol. Paläont.Abh. 143: 111–131; Stuttgart.

ZACHER, W. (1964): Geologische Karte von Bayern 1 : 25 000, Bl. 8430 Füssen. – 151 S.; München (BGLA).

ZACHER, W. & U. HAAS (2010): Provisorische Geologische Karte 1 : 50 000, Bl. 85, Vils; Wien (Geologische Bundesanstalt).

ZANKL, H. (1969): Der Hohe Göll, Aufbau und Lebensbild eines Dachstein-Kalkriffes in der Obertrias der N-Kalkalpen. – Abh. Senckenberg naturf. Ges. 519: 1–123; Frankfurt a. M.

Verzeichnis der im Buch genannten geografischen Namen

M

N

O

P

R

S

Auszug aus der Legende zu den Geologischen Karten 1:200 000

(S. 30–31, 54–55, 74, 85, 99, 115)

Quartär

,,f	Talfüllung (Kies und Auelehm)
,,hg	Hangschutt
x	Blockschutt
r	Hangrutsch
	Schwemmkegel
,Hm	Anmoor
,Hn	Niedermoortorf
,Hh	Hochmoortorf
,Kq	Alm- und Kalktuff (Quellkalk)
qh,,t	postglazialer Schotter
,,l	postglazialer Seeton
W,,f	Niederterrassenschotter
W,,g	Moräne
	Wallform
	Schmelzwasserrinne
	Drumlin
R-W	Vorstoßschotter
R,,f	Hochterrassenschotter
R,,g	Moräne
M,,f	Deckenschotter (Nagelfluh)

Tertiär

Molasse

OSM	Obere Süßwassermolasse (Flinzsand, Mergel)
OSM	Obere Süßwassermolasse (Konglomerate)
OMM	Obere Meeresmolasse (Sandstein und Mergel, Konglomerate)
mih*	Obere Meeresmolasse (Sand)
mib*	Obere Meeresmolasse (Schlier)
miF*	Fischschiefer
miP	marine Promberger Schichten (Ton und Sandstein)
mia*	Sandmergel (marin)
olC	Brackwassermolasse (Cyrenenschichten; Mergel und Kohleflöze)
olST	Steigbachschichten; Bunte Molasse (Konglomerate und Mergel)
olW	Weißachschichten; Bunte Molasse (Konglomerate und Mergel)
olBU	Bunte Molasse
olm*	jüngere Untere Meeresmolasse (marin)
olB	Bausteinschichten (Sandstein)
olT	Rupel
olm	Tonmergel
olD	Deutenhausener Schichten, Lattorf-Tonmergel

inneralpines Tertiär

tA*	Angerbergschichten
tH*	Häringer Schichten
eoO*	Obereozän von Oberaudorf
eo*	Obereozän von Reichenhall

Helvetikum-Zone

eoST	Stockletten und Lithothamnienkalk, Eozän
eoN	Nummulitenschichten (Assilinen-Grünsand)
eoK*	Kressenberger Schichten
BM*	Buntmergel (Oberkreide–Eozän)

Kreide

Helvetikum-Zone

KroG	Gerhartsreiter Schichten
SE	Seewer Kalk und Gault-Grünsandstein
SK	Schrattenkalk

Flysch-Zone

FB*	Bleicherhornschichten
FH*	Hällritz-Serie
FZ	gradierte Sandsteine mit Mergellagen (Zementmergel)
FP	Piesenkopf-Serie (Kalkstein mit Schiefertonlagen)
FS/FR	Reiselsberger Sandstein
FT	Tristelschichten, Kalksandstein

Ostalpine Zone

Go*	Gosau-Sedimente
krc	Cenomanium-Coniacium-Mergel
krA	Neokom-Aptychen-Mergelkalke
krA*	Aptychenschichten
krR*	Roßfeldschichten
krS*	Schrambachschichten

Jura

Ostalpine Zone

joA	Malm-Aptychenkalke (z.T. mit Neokom = krA)
jo,i*	Radiolarit
jo,k	=joO*; Oberalmer Schichten
joR*	Ruhpoldinger Marmor

	jm	Mittlerer Jura (Dogger)
	jH	Jura in Schwellenfazies, Hierlatzkalk u.a. Kalke
	jG	Geiselsteinkalk, Unterlias
	jA/juF	Lias-Fleckenmergel
	ju,k	Lias-Kieselkalke
	juH	Hierlatzkalk
Trias		
Ostalpine Zone		
	trD*	Dachsteinkalk
	trR	Oberrhätkalk, Korallenkalk
	trK	Kössener Mergel
	PL	Plattenkalk
	HD	Hauptdolomit
	RB	Raibler Schichten, mit Gips
	WK	Wettersteinkalk, Riffkalk
	WD*	Ramsaudolomit
	PA	Partnach-Mergel
	m	Alpiner Muschelkalk
	RE	Reichenhaller Schichten
	HK*	Hallstätter Kalk
	p-s*	Werfener Schichten
	p*	Haselgebirge

* im Osten

Auszug aus der Legende zur Geologischen Karte 1:500 000)

(Innenumschlag vorne und hinten)

Quartär		
	H	Torf
	ql	Seeablagerungen
	qhG	Holozäne Schotter
	W	Würm-Moräne
	WG	Würmeiszeitliche Schotter
	R	Riß-Moräne
	RG	Rißeiszeitliche Schotter
Tertiär		
	OS	Obere Süßwassermolasse
	OSG	Obere Süßwassermolasse, kiesführend
	OM	Obere Meeresmolasse
	USj	Untere Süßwassermolasse, jüngerer Teil
	UMj	Untere Meeresmolasse, jüngerer Teil
	USa	Untere Süßwassermolasse, älterer Teil
	UMa	Untere Meeresmolasse, älterer Teil
	IM	Inneralpine Molasse (bei Kiefersfelden)
Helvetikum-Zone		
	hp	Globigerinen-Mergel und Nummulitenschichten (Eozän)
	hm	Gault-Grünsandstein und Schrattenkalk (Kreide; z.B. Kögel im Murnauer Moos)
	hf	Buntmergel-Folge (Oberkreide bis Eozän); BM auf GK200
Flysch-Zone: Rhenodanubische Flyschzone		
	fo	Oberer Flysch: Bunte Mergel mit Reiselsberger Sandstein bis Bleicherhornserie
	fu	Unterer Flysch: Tristelschichten bis Quarzitsandstein
Kalkalpen		
	ta	Alttertiär des Beckens von Reichenhall (eo in GK200)
	go	Gosau (oberste Kreide)
	ce	Losensteiner und Branderfleckschichten (Oberkreide)
	n	Schrambach- und Roßfeldschichten (Unterkreide)
	j	Jura-Schichten (Lias-Fleckenmergel bis Malm-Aptychenschichten)
	hk	Hallstätter Kalk (Anisium–Rhätium)
	ko	Oberrhätkalk und Kössener Mergel
	dk	Dachsteinkalk (Norium bis Rhätium)
	pk	Plattenkalk (Norium)
	hd	Hauptdolomit (Norium, östlich der Saalach, Karnium bis Norium)
	r	Raibler und Carditaschichten (Karnium)
	rd	Ramsaudolomit, Wettersteindolomit (Ladinium bis Karnium)
	wk	Wettersteinkalk (Ladinium bis Karnium)
	p	Partnachschichten (Ladinium)
	ma	Alpiner Muschelkalk (Anisium bis Ladinium)
	rh	Reichenhaller Schichten (Anisium)
	s	Werfener Schichten (Skythium)
	h	Haselgebirge (Perm)

Halfing
Eggstätt
Seebruck
Seite 87
Bad Endorf
Chiemsee
445
518
Chieming
Bruckmühl
BAD AIBLING
ROSENHEIM
Simssee
Prien a.Chiemsee
Irschenberg
Stephanskirchen
KOLBERMOOR
Seite 74
Frasdorf
Übersee
Bergen
Grassau
Aschau i.Chiemgau
Neubeuern
Marquartstein
Kampenwand
1664
Hochries
1568
Hochgern
1748
Brannenburg
Schleching
Wendelstein
1838
Sachrang
1661
Josefsthal
Erl
Reit im Winkl
Seegatterl
Bayrischzell
Niederndorf
Walchsee
Kössen
Rotwand
1884
1852
Gr. Traithen
Oberaudorf
Schwendt
Ursprungpaß
Kiefersfelden
1997
Pyramidenspitze
1773
Fellhorn
1764
Hint. Sonnwendjoch
1986
836
Landl
KUFSTEIN
Ellmauer Halt
2344
2304
Treffauer
Kirchdorf i.T.
Mariastein
Hintersteiner See
St.Johann i.T.
St.Ulrich a.Pillersee
1786
1594
Bad Häring
Söll
Ellmau
Fieberbrunn
WÖRGL
Hohe Salve
1828
Kitzbüheler Hornpzt
1996
Hopfgarten
KITZBÜHEL
RATTENBERG
1731
Westendorf
Kirchberg i.T.
1802
Hahnenkamm
2117
Alpbach
Kelchsau
2032
Aschau
Jochberg
Galtenberg
2424
Gr. Rettenstein
2366
Geißstein
2363
1274
2447
2224
Wildkogel
Salzachgeier
2469
Neukirchen
Uttendorf
Mittersill